AF355902

R. 2536.

D.

1371º

MÉCANISME

DE

LA NATURE.

SUPPLÉMENT.

LETTRES

A UN NEWTONIEN,

SUR

LE MÉCANISME

DE LA NATURE.

Pa. M. l'Ab. JADELOT, de l'Ord. de Malte.

A LONDRES.

M. DCC. LXXXVIII.

AVIS
AU LECTEUR.

CES Lettres sont un supplément nécessaire à la théorie du Mécanisme de la Nature, fondé sur les forces du feu.

Quelques Analogies permettent-elles d'assigner des retours périodiques aux comètes, une faculté impulsive au FEU, des forces centrifuges au mouvement des planètes, un balancement à l'axe de la terre, un mouvement primitif de 360 rotations aux planètes, 8 révolutions primitives aux satellites principaux, &c.? Les lois de Képler reveient-elles l'attraction Newtonienne ? Y a-t-il action réciproque entre les planètes, entre le soleil & un satellite quelconque, &c. &c. ? Voilà autant de questions que l'Auteur se propose de résoudre dans ces Lettres, qu'il a eu l'honneur d'adresser à un Newtonien, qui a bien voulu lui faire quelques objections sur ces différens objets.

On y trouvera auſſi quelques Eſſais de méthodes plus conciſes que celles que nous avons, pour donner la ſolution de pluſieurs grands problemes de la phyſique céleſte ; mais l'Auteur ne les donne que comme un nouvel inſtrument qu'il confie en de plus habiles mains que les ſiennes ; eſpérant fermement, qu'un jour la phyſique parlera une langue plus laconique que celle qu'elle emploie aujourd'hui ; & que l'on élaguera de cette ſcience les formules algebriques, prolixes & trop compliquées dont elle eſt ſurchargée.

TABLE.

Pag.

LETTRE PREMIERE. *Des Comètes*,   **1**

LETTRE IIme. *Des forces centrifuges. Rotations des planètes dans le système des Newtoniens. Balancement de l'axe de la terre*,   10

LETTRE IIIme. *Du* FEU, *principe impulsif & attractif*,   23

LETTRE IV. *Diamètre du soleil égal au cube de* 360. *Mouvement primitif de* 360 *rotations, commun à toutes les planètes*,   30

LETTRE Vme. *Des lois de Képler*,   39

LETTRE VIme. *Des révolutions accélerées du premier satellite & du satellite principal de Jupiter. Des calculs de Newton*,   49

LETTRE VIIme. *Du mouvement des apsides & de la précession des équinoxes. Du mouvement des nœuds de la Lune, de son inclinaison & de son excentricité*,   62

LETTRE VIIIme. *Newton a-t-il perfectionné l'Astronomie, la Géographie & la Navigation?* 86

LETTRE PREMIERE.

Des Comètes.

Vous paroiffez, Monfieur, tenir beaucoup aux retours périodiques des comètes, malgré les difficultés que j'ai ofé élever contre. (Chap. V , Liv. 2 du Mécan. de la Nat.) Vous penfez que j'ai eu tort de combattre ce point de la phyfique moderne, puifque la fameufe comète de 1759 prédite par Halley, & calculée par Clairaut, eft arrivée à point nommé. Ne précipitons rien je vous prie, Monfieur, & difcutons le fait par les analogies. C'eft ma manie de rappeler tout à une même harmonie, à un même enfemble, & de croire la nature uniforme dans fes phénomènes comme dans fes moyens.

Toutes les planètes & tous les fatellites décrivent des ellipfes ; non pas que cette courbe foit dans l'ordre de la nature, ni parce que les corps s'attirent en raifon inverfe des carrés des diftances. Mais parce que tous ces globes que nous connoiffons, ont une atmofphère aqueufe qui obfcurcit & tempère les feux dont ils rayonnent; & que ces atmofphé-

A

res se condensant & se raréfiant tour à tour, (Mécan. de la Nat. p. 89) il faut qu'elles occupent tour à tour plus ou moins de place dans le ciel, & que le globe qu'elles environnent, hausse & baisse alternativement. Si les planètes & les satellites n'avoient point d'atmosphères qui éprouvassent ces vicissitudes de dilatation & de condensation, leurs mouvemens seroient circulaires ; parce que le feu étant un agent expansible & attractif, les masses qui résultent de cette double action, sont nécessairement sphériques ; & les planètes & les satellites se meuvent ainsi que je l'ai dit, (*Ibid.* Art. 14, p. 129) autour de leurs foyers sphériques, comme ils s'avanceroient en lignes droites sur des surfaces planes. Voilà donc la raison physique de la courbe elliptique que décrivent toutes les sphères de notre système planétaire. Permettez, Monsieur, que je vous fasse observer ici en passant, qu'il est de toute impossibilité, dans le système de l'attraction, d'expliquer la courbe elliptique que décrivent les planètes & les satellites. Newton & les Newtoniens avouent que l'attraction suivroit les mêmes termes de la raison inverse des carrés des distances, si les planètes décrivoient des cercles. Ainsi cette loi n'assigne donc pas plus une orbite circulaire, qu'une orbite elliptique aux planètes. Ensorte que ce système vous laisse non – seulement ignorer ce grand phénomène du mouvement général des corps céleftes, mais même il vous offre les plus grandes difficultés à réfoudre ; car comment concevoir qu'une planète doit defcendre de fon aphélie où elle eft le moins attirée, pour fe rapprocher du foleil, & qu'enfuite parvenue à fon perihélie où elle eft le plus attirée, elle s'écartera de cet aftre. Voyez les efforts que les Buffon & les Lalande ont faits pour réfoudre ce problème, & la manière dont Maupertuis le déguife. (V. Mécan. de la Nat. p. 24, la note.)

Le Geomètre peut tant qu'il lui plaira, forcer les contours de cette courbe en faveur des comètes, & en faire une parabole ou une ellipfe très-allongée ; eft-il dans l'ordre de la nature qu'un globe célefte quelconque décrive une pareille orbite? Je n'en fais rien, je n'en conçois pas les moyens. Mais pourquoi Képler prétendit-il que les comètes fuivoient des lignes droites ? Hévélius des paraboles ? Newton des ellipfes très – allongées ! & pour quoi faut-il que de toutes celles qu'on a bien obfervées, *le plus grand nombre ait paru traverfer le ciel dans une hyperbole* qui n'eft point une courbe fermée ? Le fait eft conftant. (V. l'hift. de l'Aftron. mod. de M. Bailli, t. III, p. 253.) Je vous laiffe le choix de ces quatre routes. Je me décide pour la première & la dernière, & je dirai plus bas pourquoi leurs courfes paroiffent plus ou moins courbées.

La terre décrit une ellipfe, & c'eft lorfqu'elle

se rapproche du soleil que, toutes choses d'ailleurs égales, son atmosphère est plus condensée, plus circonscrite, & que la chaleur de la planète a le moins d'intensité. Selon les Newtoniens, les comètes sont des planètes qui éprouvent la plus grande dilatation de leurs atmosphères & la plus grande chaleur lorsqu'elles sont périhélies. Et quelle chaleur! la comète de 1680 a dû en éprouver une deux mille fois supérieure à celle du fer rouge en passant à son périhélie; or je demande d'où vient ce renversement de saison entre une planète & une comète ? Qu'elle matière peut, sans se volatiliser, éprouver une chaleur deux mille fois supérieure à celle du fer rouge ? Et si la densité de Saturne n'est qu'égale à celle de la pierre-ponce, parce qu'il s'écarte plus du soleil que Jupiter, parce que sa révolution est très-lente, comment cette comète - ci peut-elle emporter une si grande densité avec elle, bien plus loin que Saturne, & ne faire sa révolution qu'en 575 ans?

Parmi le grand nombre de comètes qui ont parues pendant des siècles, & dont les époques sont marquées, on trouve quelques dates qui peuvent former des espèces de périodes; & l'Astronome calculateur prononce tout de suite sur des retours périodiques passés & sur des retours futurs. Cependant, quelques Géomètres conviennent que ces apparitions qui semblent revenir à certaines époques, ne prouvent point une période , ou l'identité des comètes. En effet , en voici un exemple frappant : la comète de 1774 n'a point eu les mêmes élémens ni les mêmes caractères de celle de 1664. Elle paroiſſoit cependant à 79 ans de diſtance , & on trouvoit en remontant de 79 ans en 79 ans , onze apparitions de comètes ſucceſſives. Quel argument, Monſieur, contre la manie de raſſembler des époques en forme de période !

D. Caſſini avoit calculé une révolution de de 103 ans pour la comète de 1680 , Newton, Halley & Fréret comparèrent différemment les époques des apparitions des comètes, & firent ſa révolution de 575 ans. De fait elle n'a pas reparue en 1783 comme Caſſini l'avoit annoncé. En 1770 il en parut une, dont la période, ſelon MM. Lexel & Pingré , devoit être de 5 ans $\frac{1}{2}$. Nous aurions déjà dû la revoir pluſieurs fois depuis, & elle n'a pas reparue. Tout cela ne vous fait-il pas voir , Monſieur, que c'eſt par pur haſard quand le calcul d'une révolution de comète ſe rencontre avec une apparition ? La période de celle de 1661 , eſt de 129 ans ſelon Halley , & doit reparoître en 1790. On l'attend avec une eſpèce de certitude : & moi j'oſe avancer qu'elle ne paroîtra pas; que s'il s'en préſente une d'ici à cette époque , comme cela peut arriver à chaque inſtant , elle n'aura ni la même poſition dans le ciel, ni les mêmes élémens. A

moins que le hafard n'en fourniffe encore à
cette époque une quatraine , comme cela eft
arrivé pour celle de 1759 , laquelle fut prife
pour la même qui avoit paru en 1682 (dont
la période étoit fixée à 75 ans) parce que
leurs élémens femblèrent plus rapprochés
que ceux de la comète de 1757 qui étoit fa
véritable époque; & que les élémens des deux
comètes de 58.

On dit, du moins Epigenes avance, que
les Chaldéens connoiffoient le retour des
comètes. Je regarde les Chaldéens comme les
plus favans des hommes dans l'antiquité; mais
je penfe qu'ils ont cru, comme nos Aftronomes d'aujourd'hui , pouvoir combiner des
dates d'apparitions de comètes & prononcer
fur des retours qui n'exiftent pas.

Les comètes ne peuvent , ainfi que ces météores de notre atmofphère, que nous nom-
mons des *étoiles tombantes*, décrire que des lignes droites, ou des hyperboles très — peu
courbées, qui ne font point des courbes fermées. Elles décrivent des hyperboles, le fait
eft reconnu. Voilà donc un fait plus fûr &
plus authentique que leur retour périodique
& leurs révolutions dans une ellipfe ou une
parabole, puifque c'eft la marche du plus
grand nombre des comètes qui ont parues. Je
m'arrête donc à cette analogie; parce que
mon premier article de foi en phyfique , eft
l'uniformité; & j'ai déjà le plus grand nombre

d'obfervations pour moi. Enfuite je penfe que le grand effet que notre atmofphère fait fur notre manière de voir la lumière zodiacale, par exemple, pliée comme une faux vers nous, tandis qu'elle paroît perpendiculaire fur l'équateur en Afrique, peut fembler faire plier la courfe des comètes dans des efpèces d'ellipfes ou de paraboles, felon la manière dont elles traverfent le ciel par rapport à nous. Ce qu'il feroit poffible de vérifier fans doute, en obfervant une même comète à 50 ou 60 degrés de latitude auftrale, tandis qu'on l'obferveroit fur une même latitude boréale, & entre les tropiques. Que nos neveux prononcent dans la fuite des fiècles, s'ils peuvent amaffer affez de faits pour conftater le retour des comètes ; mais je les invite à douter, tant qu'ils s'affureront que le plus grand nombre décrit conftamment des hyperboles.

Voilà, Monfieur, ce que je n'ai pas pris le temps de dire dans mon ouvrage, & voilà l'incrédulité & l'efpèce d'entêtement, je le confeffe, que je mets à nier les orbites fermées des comètes. Je m'y fens comme involontairement porté par le défaut total d'analogies ; parce qu'on leur attribue trop de phénomènes, trop d'influences, & parce qu'on s'en fert encore pour effrayer le peuple. Car lorfque Newton, Halley ou Lalande annoncent la chûte d'une comète dans le foleil, ou fon heurtement contre la terre, vous favez

trop, Monfieur, l'importance que ces Géomètres mettent à leurs calculs, pour ne pas
regarder leurs probabilités comme d'effrayan-
tes prophéties, puifqu'ils prétendent fi fort
prédire leurs retours & leur affigner des routes dans le ciel.

Je n'ai plus qu'une objection à faire contre
ces météores innocens, qui n'ont jamais nui &
jamais ne nuiront à rien dans l'univers. C'eft
que, fi c'étoient des globes femblables aux planètes, ils auroient des fatellites pour occa-
fionner le progrès de leurs aphélies que l'on
croit pouvoir calculer, puifque ce point de
l'orbite des planètes ne va en avant que parce
qu'elles ont des fatellites. (V. ci-après, mouvement des apfides & Chap. 14 du Mécan.
de la Nat.) Or, comme on n'a jamais rien
vu de femblable à leur fuite, on ne peut donc
faifir aucune analogie qui nous autorife à les
affimiler aux planètes ; & il eft abfolument
inutile de calculer leur retour, parce que ce
font des météores purement éphémères & paf-
fagers qui ne cauferont jamais ni incendie, ni
déluge fur la terre, ou la plus petite altéra-
tion dans l'harmonie qui règne dans le ciel.

Voilà ce que je n'héfite pas de dire la veille
du retour prédit d'une comète, auquel je ne
crois point du tout.

Quelqu'un me demandoit ces jours paffés,
pourquoi, d'après les chapitres 4, 5 & 6 de
mes principes préliminaires, il ne paroiffoit

plus rien de nœuf dans le ciel , & qu'eft-ce que c'étoit que les comètes.

Je répondis d'abord , que j'avois raifonné à ma manière fur la production du mobile des cieux , pour ne point reproduire l'hypo· thèfe des atomes crochus des anciens , ou la matière cannelée de Defcartes , ni le choc trop rude & trop bizarre d'une comète. 2°. Que je croyois que l'éruption de la maffe totale des planètes , s'étant faite fur les pro‐ portions du foyer créateur , ainfi que celles des fatellites fur des proportions avec leurs planètes , il n'y avoit plus lieu à aucune créa‐ tion de ce genre. Enfin , j'ajoutai que je re‐ gardois les comètes comme autant de produc. tions neuves , mais innocentes & éphémères , femblables à nos étoiles tombantes. Les taches du foleil , difois je , qui font toujours envi‐ ronnées d'une ombre blanchâtre , & forment ces maffes de nuages énormes que l'on voit flotter & apparoître ou difparoître foudain à la furface de cet aftre , n'indiquent-elles pas des explofions de volcans , dont les fumées s'évaporent & fe répandent inceffamment dans le vague des cieux , comme les vapeurs em‐ brafées qu'exhalent la terre & nos volcans ; ce qui produit ces météores que nous nom‐ mons *étoiles tombantes* dans notre petite fphère , & *comètes* , dans l'immenfité des cieux , où le temps , les efpaces & les groffeurs rendent tout relatif. La terre a fes volcans , fes vapeurs embrasées ; elle crée à chaque instant des météores & des montagnes ; & toutes les planètes, leurs satellites, & le soleil sans doute, opèrent les mêmes phénomènes , qui ne sont point de véritables créations , mais le produit d'un travail toujours soutenu de masses pleines de feu , &c.

Voilà ce que j'imaginai de plus plausible pour satisfaire aux questions qui m'avoient été faites. Je vous soumets toutes ces idées , &c.

Je suis avec respect , &c.

LETTRE II.me

Des forces centrifuges. Rotations des planètes dans le système des Newtoniens. Balancement de l'axe de la terre.

HUYGENS a parlé le premier, Monsieur, de forces centrifuges ; & cette erreur, jointe aux mouvemens uniformes des planètes provenant d'un seul choc, ont introduit en physique toutes les absurdités dont elle est surchargée. Passez-moi cette forte expression, Monsieur, je parle comme je sens ; si un jour mon système avoit quelque mérite, ce seroit peut-être pour m'être élevé contre les forces centrifuges dont les Phyficiens tourmentent tous les globles céleftes. Non, Monfieur, non, cette force violente n'exifte point dans la nature. Tout eft appuyé, tout roule fur quelque chofe dans l'univers. Eh quoi! une force centrifuge écarte la terre du foleil, une force centrifuge l'agite d'un mouvement de circonvolution autour de cet aftre ; fon mouvement de rotation imprime encore une force centrifuge à fa furface ; enfin l'équateur a pu fe relever de 6 lieues $\frac{1}{2}$ fous ce dernier effort, & le fil à plomb n'eft point par-tout perpendiculaire à l'axe de la terre, & il refte un corps libre & léger à fa furface ! Faites du monde une pierre agitée & retenue par les cordes d'une fronde, j'ofe protefter contre vous-même, que vous ne voyez tout cela ainfi, que des yeux de la foi. (V. mon Difcours prélim. art. X.)

Les corps qui fe meuvent circulairement tendent à s'écarter du centre... Eft-ce un axiome de la fin de ce fiècle éclairé, ou qui doive s'adapter au mouvement des planètes ainfi qu'à celui d'une pierre agitée dans une fronde ? Je ne vous répéterai pas ce que j'ai dit dans tant d'endroits de mon Ouvrage, & fur-tout dans le chap. 13, art. 14; mais j'oferai vous avouer, que c'eft la répugnance invincible que j'ai toujours eue d'admettre cette erreur au rang des axiomes, qui m'a fait concevoir mon fyftème.

Vous prétendez que l'on ne peut expliquer

l'accourciſſement du pendule à Cayenne & la différence des degrés du méridien, qu'en élevant l'équateur de 6 lieues $\frac{1}{2}$. Cependant il eſt de fait, Monſieur, que nos pendules, à Nancy, vont plus lentement en été qu'en hiver, & certainement cela ne tient point à des exhauſſemens périodiques de notre horizon. (Voy. Mécan. de la Nat. pag. 14. art. X & le 3e liv. chap. 2. art. 2 & 7.). Pour ce qui eſt des degrés du méridien, j'ai parlé d'atmoſphères immenſes dont les condenſations variées dans chaque climat, donnent la raiſon des différens degrés du midi aux pôles. (Voy. ibid. 2e liv. chap. 10 & 12.) Vous voulez abſolument un équateur relevé de 6 lieues $\frac{1}{2}$ par une force centrifuge. Mais ſupprimons, je vous prie, pour un inſtant, cette difformité ellipſoïde de la terre; n'eſt-il pas vrai, Monſieur, que vous ſuppoſez qu'il réſideroit ſur l'équateur ainſi déprimé, une force capable de lancer une pierre à 6 lieues $\frac{1}{2}$ au-deſſus de ſon horizon? Car il n'importe pas ici que cette zone relevée ſe ſoit formée originairement de la maſſe même de la terre étant encore en liquéfaction, ou que des corps libres & détachés les uns des autres dont je veux ſuppoſer que ſa maſſe a été compoſée, ſe ſoient portés là par le mouvement de rotation de la terre. Or, je vous demande, ſi avec une pareille tendance des corps qui vont découvrir les pôles de 3 lieues $\frac{1}{4}$ pour ſe porter ſur l'équateur & s'en

taſſer à la hauteur de ſix lieues $\frac{1}{2}$; je demande ,
dis–je, ſi avec de pareilles forces qui ſubſiſtent
encore de nos jours, le fil à plomb pourroit
reſter perpendiculaire à l'horizon ſous les pôles
comme ſous l'équateur ?

On a fait anciennement cette même objection au grand Deſcartes , parce qu'il avoit
ſuppoſé que ſes tourbillons faiſoient tourner les
planètes en les entraînant d'occident en orient.
Que lui auroit-on objecté de plus s'il eût dit
que l'effet de cet enſemble de mouvement
étoit tel que l'équateur s'exhauſſoit pendant
que les pôles ſe déprimoient ? Or, lequel vaut
mieux, Monſieur, de ces tourbillons qui ne
produiſoient point un effet ſi exagéré, ou de
cet excès de forces centrifuges ſans tourbillons ?

Mais, me direz–vous, comment établiſſez-
vous vous-même un bien plus grand mouvement de la terre ſans force centrifuge ? Car
enfin dans notre hypothèſe, il faut agrandir
l'orbite terreſtre en raiſon du demi-diamètre
du ſoleil dont vous avez fait un Volume prodigieux. Cela eſt vrai, M., ſelon moi, la terre
parcourt plus de 11 lieues par ſeconde; mais
c'eſt d'elle-même qu'elle ſe meut, c'eſt par un
mouvement qu'elle ſe procure & qu'elle puiſe
dans ſes propres forces. Notre atmoſphère eſt
perpétuellement condenſée ou raréfiée inégalement ; elle eſt conſtamment plus dilatée dans

la partie occidentale que dans la partie orientale, comme je l'ai dit chap. 2. Il y a donc toujours inéquilibre, & delà suit un mouvement perpétuel. La partie la plus échauffée se soulevant & reculant en se dilatant davantage, & la partie la plus condensée s'abaissant toujours vers le soleil pour s'échauffer & se dilater à son tour.

Permettez-moi, pour me rendre sensible, de prendre pour exemple la marche de l'Ecréviffe. Ce petit animal en allongeant ses pinces qui l'appuyent sur des léviers plus grands, recule & va en arrière, sans autre effort que celui de retirer à soi ses grandes pattes, de les étendre de nouveau & de se soulever en s'appuyant deffus. Comme cet animal fait cela de lui-même, il n'éprouve point de force centrifuge, il n'a d'autre mouvement que celui qu'il s'imprime, il se soulève, & son corps est porté en arrière. De même, la terre, en dilatant, en fortifiant un peu plus ses rayons atmosphériques, les étend ou les prolonge plus d'un côté que de l'autre, & sa partie occidentale recule sans cesse sous cet effort toujours nouveau & toujours soutenu.

J'ai emprunté mon exemple d'un signe du Zodiaque, parce qu'il me semble que cet hyérogliphe des plus anciens Aftronomes de la terre, peut très-bien renfermer la connoissance de ce mécanisme du mouvement des cieux; de méme que l'on pourroit croire que le figne de la Balance, inftrument dont l'axe ne s'équilibre que par le balancement, eft un hyérogliphe par lequel les anciens ont configné dans le ciel la connoiffance qu'ils ont eue du balancement de l'axe de la terre.

Les analogies n'ayant point révélé par quel mécanifme les planètes tournent fur elles-mêmes, il étoit impoffible de prononcer fur le nombre de leurs rotations. Examinons un inftant cette partie de la phyfique des Newtoniens.

Nombre des rotations des planètes dans le fyftême des Newtoniens.

C'eft une chofe frappante fans doute, M., qu'on n'ait pas encore apperçu le vide d'un fyftême qui n'explique point la caufe ni le phénomène de la rotation foutenue des planètes, & qu'on n'ait point faifi les difparates qui découlent de cette omiffion.

Les Newtoniens connoiffent le nombre des rotations de la terre; mais au lieu d'interroger les analogies qui pouvoient ramener à l'uniformité & à l'harmonie la plus précife le mouvement des autres planètes, il ont cherché des yeux à affigner leurs rotations par le mouvement de quelques taches mobiles, que l'on a plus ou moins bien obfervées fur leurs furfaces; & l'on a affigné, fans autre fondement que ces obfervations auffi vagues qu'incertaines, près de onze mille rotations à Jupiter; 26 mille pour

Saturne , 668 pour Mars, 224 pour Vénus ; & une rotation de 25 jours $\frac{1}{2}$ au foleil.

Ces mouvemens, qui n'ont aucun rapport comparé avec les groffeurs, les diftances, ou les temps des révolutions des planètes, offrent des difproportions trop choquantes, pour que, même par le témoignage de la vue, elles ayent pu acquérir une certaine fanction. Tant la nature s'oppofe autant qu'elle peut à nos erreurs ! En effet, les Phyficiens qui ont tenté de prononcer fur la rotation du foleil, & qui l'ont à peu près fixée à 25 jours $\frac{1}{2}$, n'ont jamais pu fuivre les taches de cet aftre pendant plufieurs jours de fuite, fans les voir changer de direction, ou n'ont jamais pu obferver leur retour à un même point après 25 jours $\frac{1}{2}$. On n'a jamais réuffi à prédire, pour un temps donné, l'apparition ou le retour d'une tache de Jupiter ou de Mars fur un point fixe de leur furface. Saturne , à fa diftance énorme, ne donne aucun indice de mouvement : quelques Phyficiens ont donc dû fimplement foupçonner, ou qu'il ne tournoit point, ou que peut-être fa révolution étoit de 10 heures, ou même plus prompte que celle de Jupiter qui leur fervoit d'analogie. Jupiter offre encore cette diffonnance de plus avec l'analogie du mouvement plus accéléré de la terre périhélie qu'aphélie ; c'eft que les taches vues fur cette planète font croire qu'elle tourne plus lentement périhélie qu'aphélie. Enfin , le mouvement de Vénus est aussi hypothétique & aussi incertain , puisque quelques Astronomes ont cru remarquer une rotation de 24 heures , & d'autres une de 24 jours seulement; ce qui donne indifferemment 9 ou 224 rotations pour la révolution de cette planète.

Il est résulté de toutes ces disparates , que les Newtoniens n'ayant aucune analogie qui pût les amener à connoître & à assigner la rotation de chaque planète, ne devoient pas pouvoir soupçonner la liaison de ce mouvement avec leur circonvolution qui en dépend immédiatement. (Voyez ci-après les lois de Képler.)

D'après cet exposé , Monsieur, j'espère que vous suspecterez au moins les analogies sur lesquelles les Newtoniens se fondent pour prononcer sur le nombre des rotations des planètes. Je ne vous demande que du doute , jusqu'à ce que je vous aurai prouvé ma théorie des mouvemens uniformes des planètes par les loix de Képler.

Du balancement de l'axe. Nous avons vu plus haut que l'atmosphère de la planète, plus embrasée ou plus dilatée à l'occident qu'à l'orient, le globe tournoit sans cesse sur lui-même par les plus simples lois de l'équilibre. Or , par les mêmes lois encore, si l'hémisphère boréal , ou l'hémisphère austral se dilate ou se condense alternativement, l'axe de la planète se balancera nécessairement d'un tropique à l'au-

tre, & variera continuellement nos saisons.
Un tropique reculera donc de dessous le soleil
tandis que l'autre se rapprochera ; & cela, par
le même mécanisme qui fait aller la planète
d'un aphélie à un périhélie.

Voilà donc un nouveau mouvement de la
terre que nous ne voyons pas. Combien nous
sommes nés pour l'erreur ! Plus les choses nous
touchent de près, moins nous les saisissons.
Les cieux ont long-temps paru se mouvoir
autour de nous, & c'étoit nous qui étions en
mouvement ; voici maintenant un ciel qui nous
paroît fixe, & cependant il est mobile.

Bradley a déja observé que le point du ciel
où nous voyons les étoiles, n'est jamais celui
où elles sont réellement, & que leur lieu apparent varie sans cesse dans le cours de l'année.
Or, je considère l'immense hauteur de notre
atmosphère, dont la circonférence se mesure
par l'espace que décrit la planète par jour dans
le ciel, comme un océan de vapeurs qui doit
enchaîner l'aspect de l'étoile polaire à un même
point fixe, relatif à chaque climat différent de
la terre.

Si vous plongez dans un long vase plein
d'eau, un corps pesant & obscur, & que
vous le regardiez d'une certaine distance, vous
pouvez remarquer qu'en vous élevant & vous
abaissant à volonté, l'objet s'éleve, ou s'abaisse
de même, & suit votre œil. Je ne doute pas
que le phénomène ne se passe de la sorte dans

le ciel. C'est ainsi que la lumière qu'on nomme zodiacale, paroît dans nos climats courbée vers nous & former une espéce de faux, tandis qu'en Afrique, on la voit s'élever pyramidalement & perpendiculairement sur l'équateur, ainsi que l'a très-bien observé M. de la Caille.

Remarquez encore, que lorsque notre pôle boréal recule, l'atmosphère se condense de plus en plus, les réfractions sont plus fortes, l'aspect du ciel étoilé paroît s'étendre & se développer, comme l'image des corps vus dans un fluide, ou les disques du soleil & de la lune vus à l'horizon. Enfin, voyez si c'est exagérer sur l'effet possible & nécessaire de l'enchaînement des fixes sous notre œil, d'après ce que j'ai dit du prodigieux effet des atmosphères qui enveloppent Jupiter ou Saturne & leurs satellites, & la manière dont les distances & les grosseurs sont exagérées dans ces deux systèmes.

La chaleur de la planète est notre principe vital, & nos sens ne nous en témoignent rien; des vapeurs humides s'élevent sans cesse de l'océan à des hauteurs considérables, & elles sont transparentes & invisibles pour nous; la terre tourne vis-à-vis du soleil & autour de cet astre, & nos sens nous disent le contraire; le Créateur a mis la plus grande magnificence à prodiguer le feu & la lumière dans toute l'étendue des cieux, & nous jouissons froidement de ce spectacle si grand , si imposant ; sans penser que cela puisse être essentiel au mécanisme de l'univers; enfin, nos hémisphères célestes polaires nous semblent immobiles ; & notre atmosphère les meut , les fait plier, en enchaine l'aspect sous nos yeux , & nous ne nous en doutons même pas : que d'analogies il faut interroger pour discuter ce dernier fait & pouvoir le contredire !

J'indique le phénomène, il est une suite de mon système ; mais le soleil ne peut dominer pendant une partie de l'année sur l'hémisphère austral ou boréal, que l'atmosphère n'y éprouve aussi une grande vicissitude de dilatation, par le moyen de laquelle il faut que son axe se balance & qu'un tropique s'écarte, tandis que l'autre s'approche du soleil.

Il est de fait que l'océan offre ce phénomène de dilatation & de condensation périodique dans la révolution d'une année. Les eaux de la mer , toutes choses étant supposées égales d'ailleurs , sont plus hautes sous notre hémisphère , lorsque le soleil frappe sur notre tropique , que lorsqu'il frappe sur l'autre; mais là , le phénomène doit être le même. Ainsi voilà encore une analogie qui cadre d'autant mieux avec le phénomène des deux hémisphères atmosphèriques , que les vents des pôles alternent de même par la plus forte condensation & la plus forte raréfaction vers un pôle ou vers l'autre. Il y a des exceptions à cette règle sans doute, mais les Marins ont observé ces vens généraux de 6 mois. (V. p. 226 de mon ouvrage.) Et nous sommes trop subordonnés à la lune pour que le phénomène soit parfaitement constant à la surface même de la terre. Un fait bien certain, c'est que dans les équinoxes, il y a des vents généralement plus violens que dans toute autre saison, parce que les deux hémisphères atmosphériques n'étant plus inégalement condensés ou raréfiés, se précipitent à poids égaux l'un contre l'autre en cherchant à surmonter l'équilibre du côté du nord ou du côté du midi.

Un fait non moins certain encore, c'est que *dans les équinoxes, il y a égalité de jour & de nuit par toute la terre.* Or, pour que cela soit ainsi, je maintiens qu'il faut de toute nécessité que dans ce moment, tous les points du grand cercle équatorial soient parallèles aux rayons de l'astre qui éclaire la terre ; *ce qui ne peut arriver sur une sphère invariablement inclinée sur son orbite.* (Mécan. de la Nat. p. 85.)

Je ne vous indique ici que le mécanisme de ce mouvement, je vous parlerai ailleurs des lois qui fixent la latitude des tropiques & celle de la lune, &c....

En attendant, permettez, **M.**, que je vous fasse observer, que les atmosphères des planètes, pour lesquelles les Newtoniens ont l'antipathie la plus décidée, sont sûrement un des grands moyens de la nature. C'est le principe mécanique des mouvemens variés, irréguliers ou uniformes des cieux. *Thalés* expliquoit tous les phénomènes de l'univers par le moyen de l'Eau seule; & ne voyoit que cet élément dans la nature. *Zénon* le Stoïcien déduisoit les mêmes phénomènes de l'action seule du Feu. Pour moi, je pense que ces deux causes sont constamment combinées, & que l'eau, en masse ou en vapeurs aériformes, n'est que le régulateur essentiel de l'harmonie des cieux, dont le *feu* est le grand & unique mobile. C'est ainsi que l'air que nous respirons, entre comme intermède dans l'économie animale, pour humecter, rafraîchir & faire contracter les organes que la chaleur vitale dilate, & régler par des mouvemens mécaniques le jeu des fluides qui animent l'homme; tant la nature est uniforme & simple dans ses moyens comme dans ses effets.

Si j'erre, M., daignez m'éclairer, vous acquerrez des droits à ma reconnoissance, &c.

Je suis avec, &c.

LETTRE III.me

Du FEU, *principe impulsif & attractif.*

VOUS prétendez, Monsieur, que *le feu pénètre si facilement tous les corps, qu'il ne peut causer leurs mouvemens.*

Je croyois avoir emprunté des faits les plus frappans, la démonstration de mon principe. Mon IVe Livre sur-tout, est plein de phénomènes qui viennent singulièrement à l'appui de mon système, ainsi que ce que j'ai dit p. 72 & 90, où je rapproche les phénomènes des volcans, ceux de l'électricité, & ceux entre autres de la pompe à feu, qui représente exactement en petit tous les plus grands moyens de la nature. Mais je vois bien que je n'en ai pas dit assez sur les forces de cet élément destructeur & consommateur, dévorateur, toujours aspirant & toujours en expansion.

Cependant, je vous parle au moins d'une cause qui peut se comparer avec un principe physique : & c'est déjà un avantage que ce principe-ci a sur celui de Newton, puisque l'attraction ne se compare à rien, & qu'il est aussi inconséquent de demander pour quoi les corps s'attirent, qu'il le seroit de demander pour quoi le rouge est rouge.

Mais cet agent eſt-il vraiment expanſible & impulſif ? C'eſt ce que nous allons examiner.

Quel eſt le premier effet qui ſe manifeſte par la chaleur ? C'eſt la dilatation des corps qui la réccllent. Donc , ſi étant contenue , elle allonge , elle dilate les corps , lorſqu'elle viendra à s'exhaler au dehors , elle écartera les corps qui lui feront obſtacle ſur ſa route, elle s'eſpacera en pouſſant les corps libres qui pourront fléchir ſur ſon choc, puiſque la matière même cohérente cède déjà à cette expanſion. Sans doute ſi le feu pénétroit auſſi facilement que vous le ſuppoſez, s'il *perméoit* dans les corps ſans aucune réſiſtance, on ne verroit pas les nuages s'élever ſi haut au-deſſus de nos têtes , les eaux de la mer s'enfler comme elles font , les volcans ne feroient point éruption , les tremblemens de terre n'auroient point lieu ; une lave bouillante de pierre ou de métal fondu ne s'arrêteroit pas à quelque diſtance d'un mur qu'elle rencontre, & qui ſouvent eſt renverſé par l'effort de la flamme condenſée entre deux, avant d'atteindre le mur. La pompe à feu, cette ſuperbe machine, la plus induſtrieuſe que l'homme ſe ſoit appropriée, feroit elle ſes puiſſans effets mécaniques, ces effets qui reſſemblent ſi fort aux grands phénomènes de la nature, ſi le feu ſe perméoit au point de ne pouvoir agiter les ſurfaces auxquelles il s'applique? On ne peut pas objecter ici que le phénomène provient ſimplement de l'évaporation

de

de l'eau, de sa prodigieuse dilatation, puisque
sans le feu qui soulève & divise chaque particule de vapeurs, il n'y auroit ni dilatation, ni
effort, ni puissance mécanique dans la machine
dont nous parlons, & dont le mécanisme nous
représente l'action de la chaleur centrale sur
cet océan de vapeurs que fournit incessamment la mer qui est le bassin de la grande machine terrestre, & son feu central un fourneau
toujours actif. Enfin l'électricité qui décelle si
bien la perméabilité du feu, ne révelle-t-elle
pas aussi sa faculté impulsive dans certaines
circonstances, lorsqu'on oppose des corps
électrisés à d'autres corps électriques ? C'est
ce que démontre la fuite d'un corps libre &
léger qui s'équilibre en l'air & que l'on pousse
devant soi avec un corps électrique. Tout me
semble donc, dans la nature, attester la faculté
expansible & dès-lors impulsive du feu.

Cet agent est-il attractif? La machine électrique démontre évidemment le fait. Le feu
ne peut exister nulle part sans aliment. Il aspire
donc sans cesse ; il s'épuise toujours, & il
porte la raréfaction par-tout sur sa route pour
épuiser & entraîner les corps qui l'environnent ; & c'est par cette aspiration vers le foyer
qu'il occupe, que les corps en fusion prennent
leur cohésion & des formes ou parallèles ou
plus ou moins sphériques, comme cela se re-
marque dans les phénomènes des matières
volcaniques dont j'ai donné des détails dans le

IVe livre; & je crois avoir démontré d'une manière bien sensible (liv. I, chap. 8 & 9, & liv.
II, chap. 13, art. 14) comment cet agent
toujours aspirant & atténuant, combinoit sa
double faculté expansible & attractive pour
que les corps restassent enchaînés, tandis qu'ils
se tiennent écartés les uns des autres & se ré-
gissent mutuellement dans leur système respec-
tif. Permettez que je ne me repète pas ici,
cela deviendroit trop long, & je ne pourrois
pas dire autrement que ce que j'ai indiqué pendant tout le cours de mon Ouvrage.

Il me semble, Monsieur, qu'il doit être aisé
à un Newtonien d'admettre une attraction
dont on dit le nom & le principe, & que l'ex-
périence nous met à portée de juger. Cela
vaut bien un principe inconnu & incompara-
ble. Ainsi nous ne différons presque que sur le
fait de l'impulsion. Ici elle est toujours neuve,
toujours soutenue, parce que les foyers sont
inépuisables, puisqu'ils aspirent & qu'ils exhalent en même-temps. Au lieu que Newton
veut du mouvement sans choc soutenu, mouvement, dont rien de ce qui est à notre portée, ne nous donne l'analogie.

Mais, direz-vous, la lumière, en supposant
sa force impulsive par expansion toujours
soutenue, & sa force attractive par aspiration
ou atténuation, diminue au moins d'effet en
raison du carré de la distance, comme les sons,
les odeurs, &c. Sans doute, toute émanation

des fphères fuit cette loi; & fi la force impulfive étoit égale par-tout ; fi elle ne décroifloit pas en raifon du carré de la diftance, elle affigneroit des diftances aux fphères céleftes en raifon de leurs furfaces. Jupiter , par exemple , ayant 25 fois plus de furface que la terre, feroit porté 25 fois plus loin. Mais toute force partant d'une fphère & devant décroître comme les carrés des diftances , il n'y a donc que les furfaces des corps mus qui puiffent compenfer cette décroiffance. Ainfi Jupiter doit avoir effectivement 25 fois plus de furface que la terre , à une diftance 5 fois plus grande , pour être agité & fixé à cet éloignement limité par une double puiffance qui agit par les furfaces , & qui décroit comme le carré de la diftance.

Au refte, ce n'eft que dans mon fyftème que cette jufte proportion des groffeurs graduées fe trouve , & je les ai établies fur les plus grandes analogies comparées de tout notre fyftème planétaire , chap. XI. Ceci offre fans doute une mécanique très-exacte; puifqu'il faut effectivement qu'un corps mu par une puiffance quelconque, offre une furface qui croiffe comme la puiffance motrice décroît. En voilà affez pour un bon efprit comme le vôtre; M., &, ou ce raifonnement eft jufte, & vous le faifirez tout de fuite ; ou il eft éminemment faux , & il vous fera aifé de me le démontrer.

Je n'abandonne pas encore ce feu expanfible,

cet agent impulsif que vous regardez comme incapable d'équilibrer, mouvoir & faire fléchir les planètes. Sans doute ce phénomène n'auroit point lieu, si nos planètes n'exhaloient la plus vive chaleur, si elles ne rayonnoient d'un feu atmosphérique, très-obscurci à nos yeux à la vérité, par les vapeurs aqueuses qu'il soulève avec lui dans sa fugation constante, & qui opposant la force à la force, les fait appuyer vivement sur l'atmosphère lumineuse du soleil. C'est ce choc de notre atmosphère contre les feux lumineux de cet astre, qui nous sert d'égide contre sa violence; au point que la chaleur que nous éprouvons de la part de la terre, est, d'après l'estimation de M. de Mairan, 150 fois plus forte que celle que nous apporte le soleil. Cette intensité de chaleur propre de la terre va même, d'apres les deux saisons extermes, comparées, à 500 degrés. Delà donc cette puissance d'une planète pour repousser le choc des rayons vecteurs de son foyer de mouvement; delà ce ruissellement de la lumière sur les corps éclairés & qui en agrandit en partie les images, parce qu'elle est refoulée à une certaine distance des corps mêmes que la lumière n'atteint plus que légèrement.

Il est donc bien prouvé que *cette facile pénétration du feu*, qui empècheroit cet agent d'agiter & de fléchir les planètes, n'existe point, & que le choc est paré de loin, de manière que la lune est immédiatement régie par nous seuls :

ce qui exclue le problême des 3 corps du problême des accélérations de ce petit globe.

Au reste, je ne donne à l'estimation de M.
de Mairan , que la valeur qu'elle mérite pour
prouver la réaction des chocs dont j'ai besoin
ici ; car en établissant, comme je l'ai fait dans
mon ouvrage, 108 degrés de chaleur pour
soulever & mouvoir la lune , & pour que la
terre s'équilibre elle-même dans le vague des
cieux à une énorme distance du soleil , mon
échelle est bien plus forte que les degrés comparés du thermomètre de M. de Mairan. Je ne
vous en dirai pas d'avantage là-dessus pour
le présent , M. , que vous ne me présentiez des
raisons moins vagues que celles que vous m'a-
vez données , &c....

Je suis avec respect, &c.

B 3

LETTRE IV.me

Diamètre du soleil égal au cube de 360. Mouvement primitif de 360 rotations, commun à toutes les planètes.

CEs deux problêmes, Monsieur, sont d'un genre neuf. Ils n'ont jamais été proposés en physique ; & ce n'est que dans notre nouvelle théorie que l'on peut en trouver la solution. Je viens d'analyser la grosseur apparente du Soleil, & cela me met dans le cas de redresser quelques erreurs que j'ai commises par inadvertence, concernant la distance de la terre à cet astre, & la distance de la Lune à la terre. Je ne répéterai pas ce que j'ai dit, Chap. XI & XIX de mon ouvrage : voici seulement mes nouveaux calculs.

La terre a 108 degrés de force pour créer & soulever son satellite, *lequel, de sa propre force, s'élève de 8 fois son diamètre*, & de 100 fois de plus par la chaleur de la terre. J'ai oublié cette proportion de 8 diamètres de la Lune, en calculant sa distance. (Ceci est de la plus grande conséquence, je vous prie de me suivre.) Ainsi notre satellite est à 108 de ses diamètres de la terre ; & la terre elle-même

s'écarte de 1c8 fois 108 de ſes propres diamètres du Soleil ; c'eſt-à-dire que nous ſommes
à 34 millions 992 mille lieues de la ſurface de
cet aſtre ; diſtance préciſe que les Aſtronomes
donnent à la terre , & qui ſe trouve d'accord
avec d'autres analogies encore; puiſque, 1°. cette
diſtance eſt égale à 108 fois le *diamètre apparent* du Soleil, lequel eſt de 324 mille lieues ,
égal à 108 diamètres de la terre ; enſorte que
le développement de notre atmoſphère , qui
nous procure la vue de l'image du Soleil dans
de ſi juſtes proportions avec notre diſtance ,
notre diamètre & le ſien comparés , eſt égal à
la force qui aſſigne la groſſeur & la diſtance de
la Lune ; ce qui doit ſe dire également de
toutes les planètes. 2°. La diſtance de la Lune
à la terre eſt égale à $\frac{1}{864}$ de celle de la Terre au
Soleil, parce que le diamètre de la Lune 1 ,
étant à 108 de ſes diamètres de la planète, la
terre qui a 8 fois le même diamètre, doit
s'écarter du Soleil de 8 fois 108 diſtances lu-
naires ; c'eſt-à-dire, qu'elle doit être 864 fois
plus loin de cet aſtre , que notre ſatellite ne
l'eſt de nous. 3°. Par ces nouveaux termes,
*la Lune, & tout Satellite principal eſt à 27 demi-
diamètres de ſa planète*, au lieu de 25 que j'ai
indiqués Chap. XI : & l'analogie voulant que
la planète principale de notre ſyſtème aſtro-
nomique ſoit auſſi à 27 demi-diamètres ſolai-
res , il en réſulte toutes les proportions ſui-
vantes, qui vont nous révéler deux grandes

B 4

chofes fort interreffantes : la première, c'eft
que cette planète dernière & principale de
notre fyftème planétaire eft connue & exifte ;
la feconde, c'eft que nous allons enfin voir
dans l'étendue du diamètre du Soleil la caufe
du mouvement uniforme , *primitif* & commun
à toutes les planètes , de 360 rotations pour
chacune de leurs circonvolutions. Le furplus
reftant déduit des analogies que j'établirai par
la fuite.

En effet , la terre eft à 34 millions 992
mille lieues du Soleil. Or, *Uranus*, (je nomme
ainfi la planète de Herfchel) étant 18 fois plus
loin & à 27 demi-diamètres du Soleil, (ce qui
donne à cet aftre un diamètre de 46 millions
656 mille lieues) il fe trouve que ce diamètre,
égal à 864 fois celui d'Uranus, qui eft de 54
mille lieues , eft encore égal au cube de 360,
nombre des rotations primitives & communes
à chaque planète.

Tous les fatellites , avons-nous dit jufqu'à
préfent , ont un mouvement primitif & commun de 8 révolutions , par le rapport direct
de leurs diamètres avec celui de leur planète ;
ce mouvement primitif étant plus ou moins
multiplié , à raifon de leurs orbites plus ou
moins grandes, ou, ce qui revient au même,
à raifon de leurs groffeurs graduées & refpectives ; & le furplus de ces révolutions primitives fe déduit d'autres accélérations acciden-
telles, comme nous l'avons vu Chap. 13 , par

rapport à la Lune, & comme je vous le dé-
montrerai un jour par les mouvemens comparés du Ier. & du IVe. satellite de Jupiter.

Mais il faut observer que les satellites ne
font que planer horizontalement au-dessus de
la surface des planètes, au lieu que celles-ci
font agitées d'un mouvement de rotation qui
leur fait incessamment changer de face vis-à-vis
du soleil. De plus, ils atteignent la surface de
leur planète avec leurs atmosphères, aulieu
que les planètes font détachées de cet astre
& parfaitement isolées de sa surface, de manière qu'elles ne peuvent jamais s'atteindre,
se gêner, ni s'accélérer de la moindre chose;
comme cela arrive par rapport à plusieurs satellites d'un même système, où les atmosphères se touchent, se confondent & fortifient
mutuellement leur chaleur.

C'est donc pourquoi le diamètre du soleil
est en rapport avec le cube des 360 rotations
primitives des planètes, tandis que le mouvement primitif & si essentiellement différent
d'un satellite, n'est qu'en rapport direct avec
le diamètre d'une planète; & le cube de ces
mêmes révolutions primitives, égal à la masse
comparée de la planète avec celles des satellites.

Voilà, M., je pense, les plus belles analogies
qui pouvoient se déduire de mon système. Et
sans doute ce n'est pas par une simple con-
jecture, que faisant le diamètre du soleil 864

fois plus grand que celui d'Uranus, il se trouve, 1.° que ce diamètre est à l'égard de la planète principale, dans le même rapport que la distance d'une planète est à celle de son satellite principal. 2°. Que ce demi-diamètre se répète 27 fois sur la distance de la planète principale, comme le demi-diamètre d'une planète se répète 27 fois sur la distance de son satellite principal. 3.° Enfin, qu'ayant établi une même densité pour toutes les planètes avec des grosseurs graduées dans tout le système, & le mouvement primitif des satellites en rapport direct de leurs diamètres comparés avec celui de leur planète principale, il se trouve que le cube du mouvement primitif des planètes est aussi en rapport direct avec le diamètre du soleil, comme le cube des révolutions primitives des satellites, est en rapport avec la masse comparée de leur planète principale.

Voilà sans doute la solution d'un des plus grands problèmes de la physique céleste; de ce mouvement commun & primitif de 360 rotations pour chaque révolution d'une planète, plus ou moins répétée pendant une seule de la principale. Il n'y a plus, je pense, que le trop long préjugé où nous sommes sur la grosseur que nous avons supposée au soleil, d'après nos petits moyens & sans le secours des analogies, qui puisse faire croire que cet astre doive avoir moins de 46 millions 656 mille lieues de diamètre. Plus nous envisagerons la nature en grand, plus fans doute la trouverons-nous femblable à elle-même ; & le raifonnement n'eft-il pas d'accord ici avec les analogies? puifque cette maffe doit fupporter 7 mondes, qui tous forment autant de fyftè-mes particuliers indépendans les uns des autres, & qu'elle les régit auffi exclufivement que chaque planète régit elle-même exclufivement fes fatellites.

Il y a encore une autre uniformité dans le mouvement des planètes, laquelle réfulte d'une influence égale d'accélération qu'elles reçoi-vent de leur fatellite principal. Ceci eft de la plus grande importance pour pouvoir compa-rer les carrés des temps des révolutions des planètes avec les cubes de leurs diftances, & les temps & le nombre des rotations avec les temps des révolutions entières, lorfque nous développerons les lois de Képler.

Le mouvement primitif d'un fatellite eft de faire 8 révolutions fous tous les rapports de fon diamètre avec celuï de fa planète. Mais il eft impoffible qu'une planète, du moment qu'elle a un fatellite, n'exécute que fon mou-vement primitif; comme réciproquement, il eft impoffible que le fatellite d'une planète, dès-lors qu'il exifte, ne faffe que fes 8 révolutions primitives ; parce que ce globe fecondaire qui rayonne de chaleur, fortifie les feux atmofphé-riques de la planète, & néceffairement, le mou-vement primitif étant accéléré de part & d'au-

tre, il eſt évident que la planète fera plus ou
moins de rotations de plus que ſon mouvement primitif, & le ſatellite plus ou moins de
révolutions au-deſſus de 8.

Voilà donc d'abord la loi indiſpenſable d'une
accélération, quelque petite qu'elle puiſſe être,
pour une planète quelconque qui a un ſatellite; comme auſſi un mouvement de plus que
le primitif, annonce néceſſairement la préſence
d'un ſatellite autour d'une planète. Ces deux
faits ſe prouvent mutuellement.

Mais juſqu'où peut aller cette influence en
accélération de mouvement d'un ſatellite ſur
ſa planète, & de la planète ſur ſon ſatellite?
Elle n'eſt jamais que de $\frac{1}{64}$., (ainſi que je l'ai
démontré, chap. 13 du Mécan. de la Nat.) &
toujours de la part du ſatellite principal ſeul,
parce que tel eſt le rapport de la ſurface de ce
ſatellite avec celle de la planète.

Donc la planète n'ayant & ne pouvant avoir
que 64 fois une ſurface égale à celle du ſatellite
dont elle a 8 fois le diamètre, elle ne peut
lui imprimer que 8 révolutions accélérées ou
de plus que ſon mouvement primitif; & par la
même raiſon, cette influence qu'il apporte par
la préſence de ſes feux confondus avec ceux
de ſa planète, refluant ſur la planète même;
il ne peut lui faire faire que 8 rotations de plus
que ſes 360, quelque ſoit d'ailleurs le nombre
des révolutions de ce ſatellite (ceci ſera encore
démontré ailleurs, lorſque je vous donnerai la

folution des deux problêmes concernant les révolutions accélérées & multipliées du fatellite principal de Jupiter & de fon premier fatellite).

La Lune qui ne fait que 5 révolutions & un peu plus, en fus de fon mouvement primitif, n'accélère le mouvement de la terre que de 5 rotations & un peu plus auffi : le fatellite de Vénus ne fait que quatre révolutions environ de plus que fon mouvement primitif, & le nombre des rotations accélérées de fa planète eft le même ; enfin, le fatellite de Mercure fait deux révolutions de trop, & fa planète ajoute deux rotations à fon mouvement primitif auffi : mais lorfqu'un fatellite fait 16 révolutions, ou même plus, pour lors, fon influence toujours égale, ceffe, dès que la planète l'ayant accéléré en raifon de fon diamètre comparé, elle a répondu elle-même par huit rotations aux 8 révolutions accélérées qu'elle a fait faire au fatellite. Ainfi Uranus, Saturne, Jupiter, Mars, quelques foient les révolutions multipliées de leur fatellite principal, ne font que 8 rotations de plus que leur mouvement primitif, & chaque fatellite principal de ces planètes ne fait que huit révolutions accélérées, dépendantes immédiatement de fa planète, au-deffus de fes huit révolutions primitives (1).

─────────────────────

(1) Cette lettre & la fuivante doivent être fubfti-

Voilà donc les planètes & les satellites affu-
jettis à des mouvemens & des accélérations uniformes , qui rétabliffent la plus grande harmonie dans le fyftème du ciel.

Je fuis invinciblement convaincu à préfent ,
M. , qu'il n'y a pas de planète au-delà d'Uranus.
Par-delà il n'y auroit plus de rapport entre le diamètre du foleil & le cube des 360 rotations primitives que chaque planète répète plus ou
moins fréquemment dans de petites ou plus
grandes orbites pendant 76 ans $\frac{1}{2}$. environ , qui
conftituent la révolution de la planète principale. Les comètes qui viennent de plus loin ,
ou de différentes diftances , & qui apparoiffent
indifféremment dans toutes les parties de notre
univers célefte , ne font & ne peuvent point
être des globes femblables aux planètes ; il eft
inutile d'en calculer les diamètres , les orbites
& les retours , parce qu'il n'exifte plus pour
elles un feul des termes de comparaifon que la
phyfique la plus rigoureufe puiffe rapprocher ,
&c....

Je vous livre à vos réflexions , M. , fur tous
ces rapports, dont j'ai peut-être trop abrégé les
détails : je vais m'occuper des lois de Képler ,
pour vous en entretenir au premier jour.

Je fuis avec refpeft , &c.

---

tuées aux 6 derniers chapitres du II. liv. du Mécan. de la Nat.

LETTRE Vme

Des Lois de Képler.

JE vais enfin, Monfieur, vous parler des lois de Képler. Ayant déduit une nouvelle loi d'attraction des mouvemens comparés de la Lune & de la terre, (Mécan. de la Nat. Chap. 13) & par toute autre voie que celle de Newton, il me reftoit à vous indiquer le rapport des deux grandes loix de Képler dans le fyftême du ciel.

La première loi eft que *les planètes décrivent des aires proportionnelles aux temps*; d'où Newton conclut qu'*il exifte une force centripete*. Je crois devoir en déduire plus immédiatement, que *les planètes ont d'immenfes atmofphères dont la circonférence fe mefure par l'efpace qu'elles parcourent par chacune de leurs rotations dans le ciel, & que LEUR MOUVEMENT DE CIRCONVOLUTION EST IMMÉDIATEMENT DÉPENDANT DE LEUR MOUVEMENT DE ROTATION.*

J'ai ici la mécanique la plus exacte pour moi, car c'eft le principe de toutes nos machines à rouages, dans lefquelles les mouvemens s'exécutent par le développement d'une furface mefurée fur une autre furface donnée. Cette première loi n'indique donc point d'at-

traction; mais elle suppose si essentiellement
des atmosphères proportionnées à l'espace parcouru par chaque rotation de planète, qu'elle
en est une preuve démonstrative des plus sensible : car c'est ainsi que la roue d'un char
tourne en avançant, ou avance en roulant
sur le pavé, & décrit nécessairement des aires
proportionnelles aux temps, parce que les deux
mouvemens sont physiquement liés ensemble
& dépendans l'un de l'autre. Je vois cette conséquence si rigoureusement déduite, que je
croirois l'affoiblir en étendant davantage mes
raisonnemens.

Cependant elle ne sera certainement pas
saisie par les Physiciens qui pensent que le
mouvement de circonvolution des planètes est
si peu dépendant de leur mouvement de rotation, qu'elles pourroient tourner indifféremment sur leurs axes en sens contraire du mouvement qui les porte dans une circonvolution
autour du Soleil. De même, disent-ils, pour
prouver cette assertion par un exemple, de
même qu'une toupie lancée d'une certaine
hauteur, va tourner à terre & peut se trans-
porter sur la main sans interrompre son mouvement, quoiqu'on la transporte dans une
direction opposée à sa rotation. (Lalande,
art. 3120.) O Monsieur! le mouvement circulaire des planètes, déjà comparé à une pierre
tournant dans une fronde, puis maintenant
leur rotation détachée de leur circonvolution

& comparée au mouvement d'une toupie que l'on ne dérange pas en la transportant çà & là, ne feroient-ils pas croire que ce font des enfans qui nous ont fait une phyfique, à laquelle ils ont adapté les jeux de leur âge ? Je n'ofe infifter fur le ridicule de pareils dogmes ; j'ai une trop haute idée des Philofophes de nos jours, pour croire qu'ils doivent encore tenir long-temps à de pareils préjugés, quand ils voudront obferver qu'on n'a jamais vu en mécanique une roue tourner en fens contraire de la furface fur laquelle elle développe & appuie fa circonférence.

La feconde loi de Képler dit que *les carrés des temps des révolutions comparées des planètes font comme les cubes de leurs diflances moyennes au foleil ;* d'où Newton conclut que *la force centripete eft en raifon des maffes & inverfe des carrés des diflances.* Je ne fais pas fi l'on n'auroit pas pu conclure auffi bien, *que les planètes étoient bleues.* Pefons bien cette conféquence.

Newton n'avoit point comparé toutes les analogies qui atteftent les groffeurs graduées des planètes en raifon de leurs diflances. Il concluoit donc qu'elles devoient aller plus lentement à de plus grandes diflances, parce que l'attraction diminuoit. Delà il fuivoit qu'une planète aphélie fe mouvoit plus lentement que périhélie, par ce que l'attraction qui la meut, agit plus foiblement à une diflance plus gran-

de, qu'à une moindre distance. Mais en esti-
mant l'attraction par la lenteur des mouvemens,
& en en déduisant sa décroissance par les distances, les premières analogies des grosseurs
graduées lui manquant, il devoit attaquer les
masses célestes & leur assigner bien moins de
densité qu'à la terre, sans quoi l'attraction
n'eût pu plus suffire à régir les plus grosses planètes qui font fort éloignées. Il falloit par conséquent ne pas juger les planètes d'après les
apparences ; il falloit les diminuer de quelque
manière. Et, remarquez bien ceci, que nous
nous rapprochons un peu en ce même point,
que Newton a attaqué les densités pour laisser
les volumes apparens, n'ayant point la connoissance de cet immense fluide aériforme qui
enveloppant les planètes, grossit considérable-
ment leurs images ; & que moi, comparant différemment les phénomènes, j'ai diminué les
volumes apparens, fondé sur les analogies les
plus physiques, & j'ai laissé à toutes les masses
célestes une même densité avec des diamètres
proportionnels à leurs distances.

La première analogie de Képler ne révelle
pas l'attraction Newtonienne, comme nous
venons de le voir. La seconde analogie qui est
une suite immédiate de l'autre, ne peut donc
pas prononcer davantage sur la loi de cette
puissance. Mais cette loi ne doit pas être déduite non plus des mouvemens comparés d'une
planète avec une autre planète, ni du mou-

vement du satellite d'un système comparé avec le mouvement du satellite d'un autre système; sans quoi vous trouverez à chaque instant cette loi en défaut avec les masses apparentes, & vous serez obligé de vous étayer de l'hypothèse des différentes densités, &c...

Képler n'a parlé que des planètes, & avec raison ; elles seules décrivent des aires proportionnelles aux temps : & cela, *parce que leur circonvolution & leur rotation dépendent immédiatement l'une de l'autre.* Mais la Lune ne tourne pas comme la Terre, elle plane horizontalement & va plus vîte qu'elle ne devroit aller proportionnément à son atmosphère qui devroit mesurer son orbite, comme une rotation de la Terre est la mesure de sa circonférence atmosphérique, ou (ce qui revient au même) d'un degré de son orbite. Ce satellite a décrit bien plus que le tour de la Terre, lorsqu'il arrive à son apogée. Il va, pour me servir du même exemple que ci-dessus, il va, dis-je, comme une roue que l'on feroit glisser sur un plan, & qui ne décriroit pas des aires égales en temps égaux; parce que ne roulant pas sur sa circonférence & n'avançant pas sur le plan par rotation ; on lui feroit faire indifféremment plus ou moins de chemin dans un temps donné. Il en est de même de notre satellite, il n'avance point dans son orbite par rotation; en developpant successivement toute sa circonférence atmosphérique sur le plan qui lui sert de pivot;

mais il préfente toujours une même face à la Terre, & va comme un vaiffeau fur la furface des eaux, abandonné à la pente d'un fleuve, & qui, agité accidentellement d'un vent fort, a un' mouvement accéléré qui lui fait parcourir plus vite un efpace donné, qu'il ne l'eût décrit dans un temps égal par la fimple impulfion de l'eau. Notre fatellite va & eft accéléré de la forte ; il anticipe toujours de plufieurs heures fur la révolution qu'il commence, puifque fa révolution fidérale n'eft que de 27 jours 7 h. 43 m. & que la révolution de fon apogée eft de 27 jours 13 h. 18 m. Auffi n'a-t-on pas encore pu prononcer fur la denfité fpécifique de la Lune, & le problême devient bien plus difficile & plus compliqué, fi on compare ce fatellite avec le premier fatellite de Jupiter, par exemple, comme a fait Newton, féduit par l'égale diftance de ces deux globes de leur planète. Le progrès de l'aphélie des planètes, au contraire, eft de fi peu de chofe, qu'il laiffe à la première analogie de Képler toute fa véracité, parce que d'ailleurs elles n'avancent dans leurs orbites, qu'en fe roulant fur elles-mêmes.

Que faut-il donc conclure de la feconde loi de Képler ? le voici, M., d'après ma manière de voir. *Les carrés des temps des révolutions comparés des planètes font comme les cubes de leurs diftances moyennes au foleil ; PARCE QUE LEURS MAS-SES CROISSENT COMME LES CUBES DE LEURS DISTANCES COMPARÉES, ET QUE*

FAISANT UN NOMBRE ÉGAL DE ROTATIONS PRIMITIVES , TOUTES N'ÉPROUVENT AUSSI QU'UNE ÉGALE INFLUENCE D'ACCÉLÉRA-TION DE LA PART DE LEUR SATELLITE PRINCIPAL. La traduction de cet énoncé est que , les planètes ayant toutes un même mouvement, elles vont d'autant plus lentement qu'elles ont plus de volume & de maſſe.

Ces deux lois ſont donc totalement mécaniques & ne révellent point une cauſe inconnue du mouvement des cieux. La première indique que les mouvemens de circonvolution & de rotation des planètes ſont immédiatement liés l'un à l'aurre, & la ſeconde loi aſſigne la proportion de ce mouvement avec la maſſe qui eſt agitée.

La dernière loi ſuppoſe néceſſairement les groſſeurs graduées des planètes en raiſon de leurs diſtances reſpectives, telles que je les ai établies dans mon ſyſtème ; & elle ſuppoſe également la première analogie concernant la proportionnalité des aires avec les temps ; & cela eſt ſi vrai , que les ſatellites, qui , comme nous l'avons vu plus haut, ne décrivent point des aires proportionnelles aux temps , n'offrent point entre eux ce rapport comparé des carrés des temps de leurs révolutions égaux aux cubes de leurs diſtances. (M. de Lalande , art. 3482 , dit que *les carrés des temps des révolutions des ſatellites ſont comme les cubes des diamètres des orbites.* J'examinerai cette loi ailleurs. Je vous

prie d'obferver feulement pour le préfent , que
ce ne font pas les mêmes termes que ceux de
la loi de Képler concernant les planètes.)

Voilà donc deux grands points de phyfique
établis, qui font 1°. la proportionnalité des aires
avec les temps, parce que le mouvement de circonvolution des planètes dépend immédiatement de leur mouvement de rotation : 2°. Les
carrés des temps égaux aux cubes des diftances,
parce que toutes les planètes ayant un mouvement primitif & des accélérations uniformes par
l'influence égale de leur fatellite principal, les
maffes croiffent comme les cubes de leurs diftances , & qu'elles ne font agitées que par des
forces égales , puifque leurs furfaces croiffent
comme le carré de leurs diftances , ce qui eft la
proportion de la décroiffance de ces forces.

Mais il s'offre ici quelques objeƈions à réfoudre , que je crois avoir déjà prévenues en
partie dans ma lettre précédente ; favoir, pourquoi la Terre fait moins de 368 rotations ?
Pourquoi les accélérations des planètes inférieures diminuent en proportion de leurs diamètres ou de leurs diftances comparées avec
celle de la Terre ? Pourquoi les quatre fupé-
rieures en font toutes 368 , & enfin , pourquoi
elles n'en font que 368 ?

Or , vous obferverez que le mouvement d'un
fatellite ou d'une planète ne peut être porté
à fon plus haut point d'accélération, que lorfque l'orbite de la planète eft affez évafée

pour que le satellite ait le temps de parfaire huit révolutions de plus que son mouvement primitif ; il contribue certainement à élargir l'orbite de la planète, puisqu'il la fait porter sur sa circonférence quelquefois de plus pour sa circonvolution entière autour du Soleil ; mais la première mesure plus ou moins circonscrite de cette même orbite, dépend de la grosseur & des forces individuelles de la planète pour s'écarter du Soleil. **De** là vient que nous & nos deux planètes inférieures ne ressentons que peu d'effets répétés de l'influence de nos satellites.

D'ailleurs, l'orbite d'une planète, d'après la proportion essentielle du satellite principal, ne peut jamais être agrandie que de huit rotations ; mais l'on conçoit aisément qu'il n'est pas également essentiel qu'un satellite principal soit précisément de la grosseur qu'il faut, pour que sa planète puisse toujours décrire huit révolutions de plus sur l'agrandissement qu'il apporte à son orbite, quoique sa puissance ou son action soit toujours la même sur sa planète, parce qu'il n'est vraiment essentiel pour ce satellite, que de pouvoir décrire huit révolutions primitives, plus une accélération quelconque & quelque petite qu'elle puisse être. Delà vient, que Mercure ne fait que 362 rotations, Vénus 364, & la terre 365. Tandis que les planètes supérieures en font constamment & invariablement 368 ; ou, ce qui revient au même, c'est pourquoi le satellite de Mercure ne fait que 10 révolutions, celui de Vénus 12 ; & la lune un peu plus de 13, tandis que les satellites principaux des quatre planètes supérieures en font constamment & invariablement 16 dépendantes immédiatement de leur planète, &c. (1).

Voilà, je pense, M., la solution de problèmes absolument neufs, dont la théorie de Newton ne s'est jamais occupé. Ce Physicien a recherché la cause du mouvement des apsides, de la précession des équinoxes, de l'équation du temps, du mouvement de l'apogée & des nœuds de la Lune, de son équation annuelle, de son inclinaison, &c. &c. & de quantité de petites portions de mouvemens pareils, dont il a attribué les irrégularités à des influences perturbatrices provenant de toutes les planètes sur une seule ; mais il n'a jamais mis en question quelle pouvoit être la cause des grands mouvemens de toute la machine céleste ; & sans doute, ces petits mouvemens irréguliers font une suite des premiers, & font aussi indépendans de toutes les autres planètes, dans chaque système, que le mouvement primitif de rotation

____

(1) J'ai pris en nombre rond les 360 rotations primitives des planètes, & cela n'est rigoureux qu'en théorie ; car les planètes décrivant des orbites qui font des courbes fermées, & non des lignes droites, il y a quelque petite chose de moins des 360 rotations. (Mécan. de la Nat, p. 133, art. 16, & p. 147, la note.)

de

de chacune d'elles , ou celui des fatellites ; c'eft ce que je me propofe de vous démontrer dans mes lettres fuivantes.

Je fuis avec refpect , &c.

LETTRE VIme

Des révolutions accélérées du premier fa-tellite & du fatellite principal de Jupiter. Des calculs de Newton.

JE vous ai fait voir précédemment, Monfieur, que Mars, Jupiter, Saturne & Uranus ne pouvoient faire que 8 rotations de plus que leur mouvement primitif, qui eft de 360 ; & que le fatellite principal de chacune de ces planètes ne devoit être pareillement accéléré que de 8 révolutions de plus que fon mouvement primitif. Mais ce n'eft peut-être pas affez d'avoir déjà démontré le fait par les lois de Képler & par les temps des révolutions des planètes, comparés avec les temps & le nombre de leurs rotations, d'où il a réfulté l'accord parfait d'un rapport précis de l'heure d'une planète quelconque avec une de nos heures , & toujours égal à fa révolution comparée avec les révolutions que la terre fait de plus ou de moins qu'une autre planète ; il faut fans doute encore dégager de

C

toute influence de la planète, toutes les révolutions qu'un satellite principal fait de plus que ses 16 révolutions; & pour lors il n'y aura plus réciprocité entre les mouvemens accélérés ou les révolutions multipliées de ce satellite & la planète.

Le satellite principal de Jupiter fait 16 révolutions, dont 8 d'un mouvement primitif, & 8 d'une accélération que l'on peut aussi nommer accélération primitive, essentielle & ainsi limitée par ses rapports comparés avec la planète. Il en fait 259 trois q. pendant une circonvolution entière de Jupiter : il est donc accéléré de 243 révolutions 3 q. par l'influence des satellites qui lui sont inférieurs. C. Q. F. D.

Le fait sera démontré, si nous parvenons à attribuer à chaque satellite inférieur la part d'influence d'accélération qu'il a sur le principal; lequel dès-lors, ne devant plus ses révolutions multipliées à une plus grande action de la planète, n'occasionnera par conséquent lui-même aucune rotation de plus à Jupiter que ce que nous lui avons assigné précédemment.

Pour avoir l'influence d'accélération d'un satellite inférieur sur le principal, il faut d'abord trouver le nombre de révolutions que l'inférieur est obligé de faire pour en occasionner une de plus à ce principal. Or c'est ce que vous obtiendrez en comparant le diamètre &

les révolutions de l'un avec l'autre, & en mul-
tipliant les deux rapports comparés l'un par
l'autre. Ensuite , si vous divisez toutes les
révolutions que fait le satellite inférieur pendant une circonvolution entière ce la planète,
par la quantité de révolutions qu'il est obligé
de faire pour occasionner une révolution accélérée au principal, vous aurez l'influence totale de ce satellite inférieur sur son supérieur.
(Les distances donnent les diamètres égaux
au 108me. de la distance.)

Cela posé , vous dites : le premier satellite
de Jupiter fait 9 révolutions $\frac{1}{2}$ pendant une
du principal. Le principal a 4 fois 1 q. le
diamètre du 1er. Si donc vous multipliez
9 & demi par 4 un q. , vous aurez 40 révolutions que le 1er. est obligé de faire pour
causer une révolution accélérée au principal.
Et comme ce 1er. fait 2475 révolutions pendant une circonvolution complète de Jupiter,
si vous divisez ce nombre par 40, vous avez
61 trois q. révolutions accélérées pour le principal , de la part du premier.

Le principal a 3 fois le diamètre du IId. ;
lequel fait 4 révolutions 3 q. pendant une
des siennes ; 3 multiplié par 4 trois q donne
14 un q. qui doit diviser les 1252 révolutions de ce IId. satellite, ce qui fait pour
l'accélération totale provenant de sa part
sur le principal , 86 un q. Enfin le principal a 2 fois le diamètre du IIIe. satellite ,

C 2

lequel fait 3 révolutions pour une des fiennes. C'eft 6 qui doit divifer les 574 révolutions de ce IIIe. , pour avoir les révolutions accelérécs qu'il fait faire au principal , ce qui donne 95 deux t. ; & en tout 243 deux t. de la part de ces 3 fatellites inférieurs ; accélération pré-cife du principal.

II. *Problème des révolutions multipliées du pre-mièr fatellite de Jupiter* , lequel fait 2475 révo-lutions 39. pendant une révolution entière de fa planète.

J'ai dit en apperçu, chap. 15 , p. 149, que fi les fatellites inférieurs de Jupiter influoient fi fort fur les mouvemens de celui qui eft fupé-rieur à tous , il étoit évident que ces mêmes inférieurs, qui nagent continuellement entre les feux atmofphériques de leur planète, & ceux d'un ou plufieurs fatellites fupérieurs , devoient éprouver des accélérations beaucoup plus fortes encore. Leurs influences d'accélération doivent donc être en raifon des rapports comparés de leurs diamètres & de leurs révolutions , non mul-tipliés l'un par l'autre comme ci-deffus , mais additionnés fimplement , pour divifer le total des révolutions du fatellite accéléré *c. q. f. d.*

Jupiter a huit fois le diamètre de fon fatel-lite principal , & lui fait faire 16 révolutions ; cette planète a 34 fois le diamètre du premier, & lui fait faire par conféquent 34 fois 16 révo-lutions , ce qui affigne 544 révolutions à ce premier par l'action immédiate de fa planète.

Ce premier satellite fait faire 61 révolutions $\frac{3}{7}$. au principal, lequel ayant 4 fois un q. son diamètre, lui en fait faire par conséquent 26.

Le premier & le troisième sont en rapport par leurs diamètres comme 3 q. à 1, & par leurs révolutions comme 3 à 1. C'est donc 2475 à diviser par 3 un r.. ce qui donne 742 révolutions que le troisième fait faire au premier. Enfin, ce même premier & le second sont par leurs diamètres comparés comme deux r. à 1, & par leurs révolutions comme 2 à 1. Toutes les révolutions du premier divisées par ces deux termes joints ensemble, c'est-à-dire par 2 deux r. donne 928 révolutions que le second fait faire au premier, & en tout 2476, mouvement précis du premier satellite de Jupiter.

J'ai trouvé par la même méthode, les accélérations du plus petit & du plus gros satellite de Saturne ; mais cela est inutile ici. Les deux problèmes résolus dans le système de Jupiter, suffisent à mon objet & à toutes les conséquences que j'ai à tirer.

1°. Il est clair qu'aucun corps étranger au système de Jupiter, ne doit entrer en rapport avec les masses qui s'y trouvent, pour assigner & comparer leurs mouvemens. Ainsi le problème des trois corps est encore inadmissible ici, dans le sens que le prennent les Newtoniens. C'est cependant un problème de cinq corps dont il s'agit, mais dont la solution est la même que celle de l'influence réciproque

entre la lune & la terre, fans y faire partici-
per le foleil ou toute autre influence pertur-
batrice provenant de corps étrangers quelcon-
ques ; & fans calculer des forces motrices &
attractives par la raifon inverfe des carrés des
diftances. 2°. Il fuit delà , que les révolutions
multipliées du fatellite principal de Jupiter ,
doivent fe rejeter fur les influences des fatellites inférieurs , & non fur un plus grand nombre de rotations que devroit faire cette planète. Et comme les globes céleftes ne reftituent
que les influences qu'ils reffentent , il s'enfuit
auffi que Jupiter ne fait que le nombre précis
de rotations que je lui ai affignées. C'eft un
fait déjà démontré rigoureufement dans ma
lettre précédente, puifque les temps des rotations & le nombre des rotations comparés ,
donnent précifément le temps des révolutions
entières. 3°. Les petits fatellites inférieurs n'ap-
portent aucune accélération au mouvement de
rotation de leur planète , puifque cette accélération ne fe produit pas par les objets comparés
ci-deffus. Comment donc a-t-on pu calculer
des influences perturbatrices du fyftème d'une
planète fur le fyftème d'une autre planète,
puifqu'il eft conftant qu'il n'y a pas réaction
mutuelle entre toutes les maffes d'un même fyftème; & que Jupiter, par exemple, fe meut comme s'il n'avoit qu'un fatellite qui ne fit exactement que fes 16 révolutions. D'où il fuit que
les planètes ne peuvent être agitées qu'en pro-

portion de leurs maſſes, & que leurs groſſeurs
fixant & limitant une fois leurs orbites, toute
influence devient nulle ſur le nombre de rotations par lequel elles doivent exécuter leur
circonvolution autour du ſoleil.

J'eſpère, M., qu'il ne vous reſte aucun doute
ſur le mouvement de rotation des planètes,
où mes analogies m'ont paru rétablir la plus
parfaite harmonie, non plus que ſur l'influence
d'accélération plus forte des ſatellites ſupérieurs à l'égard des inférieurs, que n'eſt celle
des inférieurs ſur les ſupérieurs.

Une autre conſéquence encore, & fort in-
téreſſante pour mon ſyſtème, c'eſt l'identité
de denſité de toutes les maſſes céleſtes ; j'y
ſuis parvenu en démontrant celle de la lune
& de la terre ; & après avoir calculé notre
petit ſyſtème, qui ſe réduit à deux globes,
j'en ai tranſporté les rapports à chaque ſyſtème
particulier des autres planètes, leſquels me
donnant des réſultats auſſi exacts, prouvent
qu'une même matière homogène entre dans
la conſtitution de toutes les maſſes céleſtes.
Car enfin, ſi Jupiter, ſi Mars, & leurs ſatellites, n'avoient pas la même denſité que la
terre, je n'aurois pas pu aſſigner le nombre
de rotations que ces planètes font de plus
que 360 par l'influence de leur ſatellite principal. Tous ces effets ſont encore calculés
ſur la proportion du diamètre du ſatellite principal avec le diamètre de ſa planète, ce qui

eft encore un grand objet dans ma théorie ; puifqu'après avoir déduit les diamètres des diftances, ces diamètres comparés avec les ré- volutions, donnent les mouvemens précis des deux fatellites dont je viens de vous détailler les accélérations. Je mets infiniment d'impor- tance à la folution de ces deux problèmes, parce que les conféquences m'en paroiffent grandes dans mon fyftème, & fort nombreufes. J'implo- re votre fecours, M., pour voir autrement ; mais jufqu'à ce que vous me démontriez le contrai- re, je croirai que le problème des 3 corps, *dans la méthode des Newtoniens*, eft abfolument illufoire ; & que les influences des corps cé- leftes doivent fe calculer fur des maffes & des mouvemens connus ; que les analogies doivent donner les maffes, & qu'enfin les influences ne doivent point paffer d'un fyftème à l'autre. Enforte que le foleil n'entre pas plus en caufe d'accélération du mouvement de la lune ou d'un fatellite quelconque, que la terre n'entre en caufe du progrès de l'aphélie ou de la ré- trogradation des équinoxes d'une autre planète quelconque. Je vais vous entretenir un mo- ment des calculs de Newton.

Il s'en faut bien, Monfieur, que nous pen- fions tous les deux de même fur le compte de ce philofophe anglois, quand vous dites, *qu'il a tout démontré par les calculs les plus rigoureux*. Eft-ce donc prouver par le calcul, quand on ne peut affigner une même caufe pour le progrès de l'aphélie des planètes & la précession des équinoxes ? Quand on ne peut assigner la liaison du mouvement de rotation avec la circonvolution des planètes ? Quand on voit autant de mouvemens différens & de diverses densités qu'il y a de masses gyrovagues dans le ciel ? Quand on ne peut assigner à chacune son mouvement de rotation ? Quand on fait intervenir des causes étrangères au système d'une planète pour en comparer les mouvemens ou les irrégularités, & qu'on ne connoît pas seulement le nombre de planètes qui doivent entrer pour terme de comparaison dans les calculs ? Enfin, quand d'une masse de calculs les plus compliqués, il résulte les plus monstrueuses disparates, & un ciel dont l'harmonie, l'ensemble & l'uniformité sont constamment altérés ? Cela ne prouve-t-il pas qu'on a pris des termes fictifs que la nature n'a point mis en rapport ? Et lorsque la nature désavoue en tous points la marche que vous lui assignez, quel cas devez vous faire des calculs ?

Sans doute les calculs offrent toujours des conséquences rigoureuses. Mais si les termes sont arbitraires, s'il faut des adminicules pour en compenser les défauts, ne croyez donc pas à leurs résultats. En voici un exemple frappant. Suivant Borelli, le sang en arrivant au cœur, a une résistance de 135 mille livres à surmonter ; le Docteur Jurin, partant des mêmes termes que Borelli, dit, que cette résistance est d'un

(68)

million 76 mille livres; & Keil prétend que
cette même force du cœur n'est que de 5 onces.
Assurément ces résultats sont rigoureux, mais
les termes qui en font la base ne sont pas ceux
que la nature a mis en rapport. Lorsqu'un Newtonien commande à l'océan de s'élever de
8 pieds entre les tropiques, en lui promettant
tous les secours de la lune, du soleil & de la
forme ellipsoïde de la terre; & que la mer lui
dit, je ne m'éleverai jamais ici que de 3 pieds,
rejetez tous ces calculs qui sont si complète-
ment démentis pour toujours. C'est en comparant bien ce phénomène & les lois auxquelles
on a voulu le soumettre, que j'ai commencé à
douter du trop fameux système de Newton;
aujourd'hui je proteste tout-à-fait contre, &
je n'y reviendrai jamais.

Lisez un peu, je vous prie, M., sans prévention,
ce que j'ai dit dans mon Ouvrage aux pages
20, 26, 93 & 177, concernant le flux & reflux
& quelques inégalités de la lune, & j'ose croire
que votre foi chancellera, ou du moins vous
conviendrez que Newton & ceux qui profes-
sent sa théorie, n'ont pas épuisé toutes les
analogies qui peuvent faire envisager les phénomènes de la nature sous un point de vue
tout opposé aux principes de l'attraction.
Encore une objection.

»On a calculé, dites-vous, M., rigoureusement
»toutes les influences des planètes les unes sur
»les autres. On connoît les mouvemens des ap-

»sides & la précession des équinoxes. On sait
»par le calcul des masses de Jupiter, de Saturne,
»de Mars, du Soleil, de la forme ellipsoïde de la
»terre , &c. de combien chacun de ces globes
»entre pour cause de perturbation de ces mou-
»vemens par rapport à la terre.» La densité de
la terre n'est pas un problême, Monsieur,
mais si Saturne, Jupiter, Vénus, le Soleil, &c.
avoient une même densité, leur attraction
(cette force étant en raison des masses) seroit
beaucoup trop forte; & je sais que vous avez
paré à cet inconvénient , en vidant les plus
gros volumes, pour ne leur laisser que le mas-
que apparent de leur grosseur ; vous avez pesé
Saturne , Jupiter, le Soleil , &c. & vous savez
qu'ils n'ont positivement que tant de masse ,
& qu'ils n'influent que de tant les uns ou les
autres sur les mouvemens irréguliers de notre
planète.

Vous croyez, sans doute , votre théorie
bien établie & démontrée par le calcul, parce
que vos quantités partielles & conventionnelles
exprimées par des nombres & des signes algé-
briques, sont venues se placer à votre gré l'une
à côté de l'autre : Eh bien, Monsieur, dé-
trompez-vous, vos calculs sont absolument
illusoires; car voici une nouvelle & très-grosse
planète que vous ne soupçonniez pas dans
le ciel, & qui veut être comprise dans vos
calculs. Repesez toutes les planètes ; vous vous
êtes sûrement trompé; ôtez-leur encore un peu

de leur denfité, afin que la planète de Herschel y trouve auffi fa place, & que vous puiffiez mettre en ligne de compte la part d'influence que cette plus groffe planète de tout notre fyftème a fur les mouvemens de chaque autre planète.

Voilà, Monfieur, une objection très-preffante; car il n'eft certainement pas indifférent, dans un fyftème où tout fe meut & s'agite mutuellement, où tout fe pèfe pour connoître les effets réciproques, ainfi que l'enfeigne la théorie de l'attraction; il n'eft pas indifférent, dis-je, qu'il y ait une planète de plus ou de moins. Cela doit changer néceffairement les formules déjà très – compliquées des Newtoniens, ou, pour mieux dire, cela doit faire rejeter tous les principes de la phyfique angloife, puifqu'ils n'ont pu nous révéler ce que Herschel vient de nous faire voir; & que cette nouvelle planète démontre à jamais la fauffeté de tous les calculs, prétendus rigoureux, par lefquels on a cru jufqu'à préfent affigner les denfités refpectives des planètes & leur part d'influence réciproque les unes fur les autres, fans avoir jamais eu égard à la plus groffe & principale planète de tout notre fyftème folaire.

Au refte, cette objection ne tombe pas feulement fur l'hypothèfe des différentes denfités des planètes & fur leurs prétendues perturbations réciproques dans toute l'étendue du fyftème folaire ; mais elle attaque auffi directement la loi de l'attraction en raifon inverfe du carré de la diftance ; parce que cette loi eft le principe même d'où l'on déduit les différentes denfités des planètes. Or, la loi par laquelle on les fuppofe régies eft nulle, puifque les calculs faits fur le principe de cette loi font eux-mêmes éminemment nuls.

Je ne fais par quels raifonnemens on peut repouffer cette objection ; je la livre, Monfieur, à votre bonne logique, & je vais m'occuper des folutions de 3 grands problèmes dans lefquels, pour appuyer la critique que je viens de faire du fyftème de Newton, je ne recourrai à aucun corps étranger ; c'eftà-dire, que ne faifant point ufage du problème des 3 corps, je ne ferai pas intervenir une forme ellipfoïde, ni l'action du foleil ou de toutes les planètes fur la terre, pour expliquer le mouvement de fes apfides, la préceffion des équinoxes, & le mouvement rétrograde des nœuds de la lune. Ces phénomènes feront la matière de la première lettre que j'aurai l'honneur de vous adreffer.

Je fuis avec refpect, &c.

LETTRE VII.me

Du mouvement des apsides & de la précession des équinoxes. Du mouvement des nœuds de la lune, de son inclinaison & de son excentricité.

AVANT d'essayer de vous donner la solution de ces grands problèmes, M., il faut justifier mes tentatives, quelqu'informes qu'elles puissent être, en vous citant ces mots de M. Bailli: » celui qui soumettroit la physique céleste à une impulsion, feroit sans doute une » belle découverte; l'attraction au lieu d'être » une cause, feroit un effet.... & ailleurs il » dit: le mouvement des nœuds de la Lune, » de la précession des équinoxes, des apsides » de la planète, &c. font des phénomènes dont » les solutions rigoureuses font impossibles, du » moins avec nos moyens préfens. Il faut que » l'astronomie devienne une science neuve pour » pouvoir changer ces moyens, &c. il n'y a » point de recherches astronomiques, dit-il en- » core, qui ne nécessitent une infinité de calculs » pénibles; les difficultés de calcul hériffent » chaque question, & la solution se perd dans » l'incertitude. Il faudroit piquer la curiosité

(63)

» par la nouveauté ; de nouvelles méthodes
» feroient enviſager la nature ſous un nouvel
» aſpect, & le génie s'animeroit par la facilité
» des découvertes, &c. ». (Aſtron. mod. t. 3.
p. 330 & ſuiv.) N'eſt-ce pas une conviction bien
ſentie de l'inſuffiſance du ſyſtème de l'attraction, qui fait raiſonner ainſi ce ſavant Acadé-
micien, un des Ecrivains éloquens de ce ſiècle!
eſſayons donc une méthode plus ſûre & plus
abrégée.

L'aphélie de la Terre a un mouvement en
avant de 66 ſ. (je prends pour cela le terme
que M. de la Caille a trouvé d'après les obſer-
vations comparées de Walthérus, & celui de
Mayer, qui fait auſſi ce progrès de 66 ſ. Lalande, art. 1312). Or j'ai trouvé (ch. 13. du
Mécaniſme de la Nat.) l'accélération que la
Lune occaſionne à la Terre par chacune de ſes
révolutions ſidérales, de 9 heures 38 m. 18 ſ;
ce qui fait 34,680 ſ, qui diviſées par 66 ſ. donnent 525 $\frac{1}{3}$ & quelque choſe, égal à la maſſe
de la Lune, plus le nombre de révolutions
qu'elle fait. La première accélération de notre
ſatellite ſur la Terre, par laquelle il lui fait
faire 5 rotations $\frac{1}{2}$ & quelque choſe de trop
par an, a été priſe ſur ſa ſurface comparée avec
celle de la planète, & ſur le nombre total de
ſes révolutions; ici c'eſt un effet de la maſſe
comparée avec le nombre de ſes révolutions
encore ; enſorte que le mouvement de circonvolution de la Terre, premièrement accéléré de $\frac{1}{64}$,

(64)

surface de la Lune, l'eſt auſſi de $\frac{1}{512}$, *ſa maſſe*, plus 13 ⅓ & quelque choſe, *ſes révolutions ſidé-rales*, par toutes ſes révolutions autour de ſa planète, c'eſt-à-dire de 66 ſ.

Ce mouvement de l'aphélie fait changer l'orbite de la Terre, & la préceſſion des équinoxes ſuit immédiatement ce mouvement. En effet, (ai-je dit, ch. 14, p. 143) ce progrès de l'aphé-lie reportant la planète un peu plus loin que le point d'où elle eſt partie précédemment, le diamètre de la dernière révolution ne ſe trouve plus parallèle avec celui de la révolution ac-tuelle. Toute l'orbite change donc de place, & cet aphélie étant le point le plus élevé de l'orbite de la planète, il ſe trouve toujours au moment de ſon nouveau déplacement, un peu au-deſſus d'un des endroits par où la planète a fait route précédemment. Donc ce petit recule-ment de l'orbite au-deſſus de ſa dernière cour-bure, empêchera la planète d'atteindre, au mo-ment de ſes équinoxes, le point où elle s'eſt trouvée la dernière fois ; & l'équinoxe ayant ainſi lieu toujours un peu plutôt, il y aura pré-ceſſion continuelle.

Cela poſé, je compare la révolution ſidérale de la Lune avec celle du nœud. Celle-ci eſt de 27 jours 5ʰ. 5 ᵐ. 35 ſ. La révolution ſidérale qui eſt de 27 jours 7ʰ. 43 m. 12 ſ., avance donc de 25657 ſ. ſur la révolution du nœud. Or la préceſſion des équinoxes étant de 50 ſ. ⅓ . par an,

(65)

fuivant M. de Lalande, ou de 50 f. 9 tierces 3 q̃; fuivant M. Bailli; & la maffe de la Lune étant à celle de la Terre comme $\frac{1}{512}$. environ à 1 , il réfulte que 25657 f. divifées par 50 f. & quelque petite chofe, donnent précifément la maffe de la Lune, ou l'influence précife du mouvement de la préceffion fur le nœud de la Lune pour chacune de fes révolutions fidérales. Ainfi la maffe de la Lune influant par toutes fes révolutions de 50 m. & quelque chofe fur la maffe de la Terre , pour faire rétrograder fon équinoxe par le mouvement qui eft imprimé à l'apfide , la Terre fera rétrograder le nœud de la Lune de 512 fois 50 f. & quelque petite chofe, c'eft-à-dire de 25657 f. à chacune de fes révolutions. Le nombre des révolutions du fatellite ne fe reproduit pas ici ; & il femble n'entrer en terme de comparaifon dans le mouvement de l'apfide , que pour nous démontrer que la préceffion des équinoxes n'en eft qu'une fuite immédiate, & que c'eft un feul & même mouvement provenant du déplacement de l'orbite. D'habiles calculateurs peuvent donner la plus grande précifion à ces folutions , qui ne font rigoureufes ici qu'en théorie , & qui d'ailleurs peuvent exiger quelques nouvelles obfervations aftronomiques ; parce que la préceffion doit répondre exactement à un nombre qui, multiplié par la maffe de la Lune , donne 25657 f., différence précife entre la révolution du nœud de la Lune & fa révolution fidérale.

Comparez, je vous prie , M., maintenant, ces solutions avec celles des Newtoniens : voici ce que dit Lalande , art. 3526. » Le phénomène » de la précession des équinoxes est l'effet » des attractions qu'exercent le Soleil & la » Lune sur le sphéroïde terrestre; c'est une des » parties les plus difficiles du calcul des at- » tractions célestes «. Non content de ces trois causes, il ajoute : » La théorie du mou- » vement des nœuds fait voir qu'une planète » qui tourne dans le plan de son orbite, en » est sans cesse retirée par les autres planètes». (On ne les connoissoit pas toutes il y a quel- ques jours, & on calculoit cependant) Il en » est de même des parties du sphéroïde terres- » tre , qui étant relevées vers l'équateur, & " tournant chaque jour avec lui , sont dé- » tournées de leur mouvement naturel par les » attractions latérales du Soleil & de la Lune ». De-là il passe au » calcul des forces du Soleil sur chaque particule de la Terre ; » & la solu- tion de ce problème ainsi alembiqué dans ses causes, n'occupe pas moins de 40 grandes pa- ges in-4°. » Newton , dit - il , en cherchant à » résoudre ce problème, s'y est mépris. D'A- » lembert, Euler, &c. &c. s'y sont exercés, & » ne sont point d'accord, &c « Je le crois aisément, parce qu'il n'y a d'autre moyen de rendre raison des phénomènes célestes , qu'en comparant les masses qui ont rapport entre elles , en rapprochant les temps , les révolutions, les diamètres, les surfaces, les distances; en établissant une impulsion & une attraction simultanées partant d'une même cause & agissant par les surfaces; & *sur-tout enfin, en ne sortant pas d'un système pour en comparer tous les mouvemens.*

En voulez-vous une nouvelle preuve dans la solution des problèmes de *l'inclinaison de la lune & de son excentricité?* Nous savons maintenant que la terre se balance, & nous savons de plus quelle force elle peut y employer, puisqu'elle s'est donné un satellite qui a le 8me de son diamètre.

Vous pressentez, sans doute, M., que je vais vous dire qu'elle doit se balancer d'un 8me de la sphère; ou, ce qui revient au même, d'un 8me de son mouvement de rotation. En effet, son mouvement primitif de balancement est tel, qu'il n'y auroit que 45 degrés d'un tropique à l'autre, si lorsqu'une sphère est poussée par son demi-diamètre, le poids de son hémisphère opposé ne co-opéroit à accélérer son mouvement lorsqu'il en a pris l'ensemble. Or, cette accélération devroit être de 8 huitièmes de degrés de plus pour l'écartement de chaque tropique, si une autre cause n'arrêtoit encore une partie du mouvement de la planète. En effet, lorsque la sphère va parvenir au dernier 8me d'accélération, son effet ne peut être que d'un 8me de ce dernier 8me, le reste étant totalement détruit par le mouvement contraire qui va commencer, & l'accélération provenant de la part de la lune en prend la place. Cherchons l'inclinaison de cet astre.

Le balancement du satellite doit d'abord être le même que celui de la terre, cela est indispensable; ainsi il s'écarte alternativement de l'équateur de 22 degrés $\frac{1}{2}$, & c'est en passant d'un tropique à l'autre, qu'il nous cache quelquefois le soleil, ou qu'il est éclipsé lui-même. Ensuite il s'incline sur la ligne du balancement primitif de la terre, d'un 64me de la sphère; ce qui fait 5 degrés 37 m. 30 s. en sus de 22 degrés $\frac{1}{2}$ qui font la latitude primitive du tropique; parce que le satellite ne participe en rien à la première accélération que nous avons assignée plus haut.

Ces deux latitudes sont totalement individuelles & considérées sans aucune influence d'augmentation pour deux globes qui, fortifiant mutuellement leur chaleur, doivent développer davantage leurs atmosphères, & se balancer plus fort. Or, il est aisé de concevoir que l'augmentation qui provient de la part de la lune ne peut être que d'un 64me de son inclinaison primitive, laquelle étant de 5 degrés 37 m. 30 s, donne pour 64me, 5 m. 16 s. 24 t. deux 5mes.

Mais le satellite ne peut donner cette influence à la planète, que la planète ne lui en resti-

tue 8 fois autant. Il nous reſte maintenant à
diminuer ces accelérations d'un quart, parce
que l'attraction , avons-nous dit chap. 13 , eſt
le quart de la force qui imprime le mouvement, & que ce balancement de l'axe de la
planète eſt l'analogue en tous points de la rotation de la terre , dont le mouvement comparé
avec celui de la lune, nous a déjà donné cette
loi d'attraction & d'impulſion , principe du
mécaniſme de la nature. D'après ces principes
nous avons les élémens ſuivans :

Latitude primitive du tropi- $d.$ $m.$ $ſ.$ $t.$
que. 22   30

Plus $\frac{7}{8}$ de degré , accélération *individuelle* de la
planète & indépendante
de la lune. Egal. . . . : 52   30

Plus $\frac{1}{8}$ de huitième de degré. Egal. . . . . : 56   15

Plus $\frac{1}{64}$ moins $\frac{1}{4}$, accélération provenant de la
part de la lune. Egal. . . 4   37   18

Total. . . 23   28   3   33

Les élémens de la Lune font ceux-ci :

	d.	m.	f.	t.
Latitude primitive du tro- pique.	22	30		
Latitude individuelle de la Lune.	5	37	30	
Accélération de $\frac{8}{64}$ moins $\frac{1}{4}$, provenant de la part de la terre. Egal.	29	6	44	$\frac{3}{4}$
Total. . . :	28	36	36	44 $\frac{3}{4}$

& en ôtant de ce dernier nombre la latitude totale du tropique, il refte pour la latitude moyenne de la lune 5 d. 8 m. 13 f 11 t. trois q.

D'après cela, je crois, Monfieur, que l'on peut affurer, avec la plus grande certitude, que la planète n'a jamais eu fes tropiques plus écartés dans un temps que dans un autre ; préjugé qu'ont eu quelques Phyficiens, d'après les mefures variées des anciens ; & j'ofe prétendre que le fait eft auffi impoffible qu'il le feroit, que la terre eût jadis fait quelques rotations de plus qu'elle n'en fait aujourd'hui pour une de fes révolutions annuelles. S'il y avoit quelque changement poffible dans la latitude des tropiques ; je ne penfe pas que fon accélération, que je nomme *individuelle*, puiffe jamais être au-deſſous de 7 huitièmes, & jamais atteindre aux 8 huitièmes complets ; c'eſt-à-dire, que s'il y a variation, elle eſt tantôt en plus, & tantôt moins, peut-être même avec période, mais toujours limitée à moins d'un 8me de degré.

Le progrés de l'apogée de notre ſatellite tient à l'excentricité de ſon orbite ou ſon évection au-deſſus de ſa diſtance moyenne ; & cette diſtance, avons-nous dit, eſt de 108 de ſes diamètres. Si nous comparons d'abord la révolution *apogéale* de cet aſtre de 27 jours 13 h. 18 m. 34 ſ. avec ſa révolution ſidérale de 27 jours, 7 h. 43 m. 12 ſ. qui eſt toujours le premier terme d'où il faut partir pour apprécier ſes mouvemens ; nous verrons que celle-ci eſt moins longue de 5 h. 35 m. 22 ſ.

Or, cette accélération de ſon apogée doit être en rapport avec ſa révolution ſidérale, comme ſon évection ou excentricité & ſa diſtance moyenne priſes enſemble, ſont à ſa même révolution ſidérale. En effet, ſi vous diviſez la révolution ſidérale par le progrés de l'apogée, vous avez un nombre qui vous reproduit ſa diſtance moyenne avec ſon excentricité, & le progrés de l'apogée multiplié par ce même nombre, vous reſtitue la révolution ſidérale.

Ainſi, l'accélération du mouvement apogéal eſt à la révolution ſidérale, comme ſa diſtance primitive & ſon excentricité ſont à la même révolution ſidérale.

Le mouvement apogéal eſt donc une véritable accélération , parce que le ſatellite ne peut
dilater davantage ſon atmoſphère dans les proportions indiquées ci-deſſus pour s'élever au-
deſſus de ſa diſtance moyenne , qu'il n'accélère
ſon mouvement. Ceci demande d'être diſcuté ,
& je n'ometterai rien pour établir la vérité de
cette aſſertion.

Les ſatellites ne ſe meuvent point comme
les planètes ; celles-ci décrivent des aires proportionnelles aux temps , & lorſqu'elles s'écar-
tent de leur pivot de mouvement, elles vont
plus lentement , ce qui fait que les temps
correſpondent aux eſpaces qui deviennent plus
grands. Il n'en eſt pas de même des ſatellites ;
je ne puis aſſez répéter que leur marche ne
reſſemble en rien à celle des planètes. Celles ci
ont un mouvement de circonvolution qui dépend immédiatement de leur rotation ; & delà
vient qu'elles parcourent toujours des aires
égales en temps égaux ; parce que leurs ſphè-
res atmoſphériques plus ou moins circonſcrites
& occupant plus ou moins de place dans le
ciel, elles tournent néceſſairement plus vîte
ou plus lentement. Au lieu que les ſatellites
nous font voir préciſément le contraire ; plus
leur atmoſphère de chaleur eſt circonſcrite &
condenſée , ou plus ils vont lentement, plus
auſſi ſont-ils près de leur planète. Cela eſt ſi
vrai, que la lune, qui ſe rapproche de nous
dans les quadratures, va pour lors plus lentement

ment, & s'en écarte au contraire dans les fizigies, en allant un peu plus vîte.

J'ai expliqué le mécanisme de ce mouvement du satellite, Chap. 9, sur quoi les Chap. 8 & 10 doivent jeter un grand jour. J'en maintiens donc le principe, & je vous prie, M., d'obferver, que puisque la Lune ne va jamais plus vîte que lorsqu'elle s'écarte le plus de la terre, son apogée, ou excentricité doit tenir à une accélération de mouvement.

Je puise mon analogie de plus loin. Lorsque la terre est aphélie, notre atmofphère a fa plus grande intensité de chaleur ou la plus grande dilatation ; & pendant tout ce temps la lune agrandit fon orbite & accélère fes révolutions. Lorsque la terre est périhélie, notre atmosphère a la plus grande intensité de froidure ou la plus grande condensation, & pour lors la lune se rapproche de nous & va plus lentement. Je fuis invinciblement fûr que le phénomène ne peut pas être différent de ce que je le rapporte ici. Je vous prie, M., de voir à ce fujet mon difcours préliminaire fur la physique de Newton, Art. XI & les Chap. 8, 9 & 10 du 2d. liv. de mon fyftème. Cette variation en plus & en moins dans le mouvement de la lune, lorsque la terre est périhélie ou aphélie, donne une équation de 11 m. un q. qui est égale à un 128me. des 1440 m. qui conftituent la mefure du jour. Ce phéromène tient totalement aux viciffitudes de dé-

D

veloppement & de condenfations variées de l'atmofphère de ce petit aftre, la furface atmofphérique de la terre a 16 fois l'étendue de celle du fatellite. L'équation du temps pour les mouvemens variés de la terre, eft de 16 m. & 8 fois 16 m. donnent précifément 128, qui fert de divifeur pour trouver l'équation annuelle de la lune, &c. &c. . . .

Vous trouverez dans l'Encyclopédie, que la lune, de même que les planètes, décrivant des aires proportionnelles aux temps, fon mouvement *doit* donc être plus rapide dans le périgé, & plus lent dans l'apogée. Obfervez, M., cette expreffion, *DOIT être plus rapide dans le périgée*, expreffion qui élude totalement le phénomène : parce que l'on veut affimiler les fatellites aux planètes, tandis qu'ils n'exécutent point comme elles leur mouvement de révolution en changeant de face vis-à-vis de leur pivot de mouvement.

Auffi les phyficiens, qui fixent le périgée & l'apogée de la planète d'après fes mouvemens comparés, ne prononcent fur l'apogée de la l'une que d'après fes diamètres comparés.

La lune va plus vîte dans les fizigies & fe foulève un peu ; elle va plus doucement dans les quadratures, & fe rapproche de nous ; fa latitude eft la plus grande lorfque fes quadratures font à 90 degrés des nœuds, & la moins forte lorfqu'elle eft en fizigie à 90 degrés de fes nœuds ; elle va plus vîte lorfque la terre eſt aphélie, & ſon orbite eſt un peu agrandie, &c. . . . Tout cela tient donc à ſon mouvement accéléré & à la rigidité des forces qui la balancent ; & il faut conclure que toute évection de la lune dénote une accélération , & réciproquement, toute accélération de mouvement eſt accompagnée d'évection. C'eſt ainſi que le mouvement de ſon apogée eſt en rapport avec ſon excentricité, parce que ſon évection indique une accélération.

Concluons donc de tout ce qui vient d'être dit , que le ſoleil , les prétendues formes ellipſoïdes de la terre & de la lune, aucune planète , en un mot , étrangère à notre ſyſtème, n'influent ſur les mouvemens variés & inégaux de notre ſatellite ; & il ne faut pas croire que la terre montant à ſon aphélie , reprenne plus d'empire ſur ſon ſatellite , juſqu'à lui faire rétrécir ſon orbite ; parce que cette attraction qui ne ſe manifeſte pas par un rapprochement de la lune en oppoſition ; c'eſt-à-dire, lorſque le ſoleil & la terre ſont ſur une même ligne , doit encore bien moins ſe manifeſter lorſque la terre ſera ſentée plus iſolée de cet aſtre avec ſes propres forces. Et je maintiens que cet énoncé du rapprochement de la lune, lorſque la terre eſt aphélie, & de ſon éloignement , lorſque la planète eſt périhélie ; je maintiens , dis-je, que cet énoncé eſt abſolument contraire aux faits, & qu'ils ne ſont fuppofés tels, que parce qu'il eft impoffible , dans la théorie de l'attraction , d'expliquer autrement l'accélération de la lune , lorfque la terre eft aphélie , ou fon ralentiffement lorfque la planète eft périhélie.

Il faut donc néceffairement excepter les fatellites des deux grandes lois de Képler. Ils ne décrivent point des aires proportionnelles aux temps , parce que leurs révolutions ne tiennent point à une rotation ; parce que leur révolution apogéale fe termine toujours bien au-delà du point d'où ils font partis , pour commencer leur dernière révolution ; & parce qu'enfin leur mouvement s'accélère toujours dans le rapport d'une plus grande diftance de leur foyer de mouvement.

Mais fi les fatellites ne décrivent point des aires proportionelles aux temps , la feconde loi de Képler concernant les carrés des temps des révolutions , égaux au cube des diftances comparées , ne peut pas non plus s'adapter à ces fortes de globes. Vous trouverez dans M. de Lalande que *les carrés des temps des révolutions des fatellites font comme les cubes des diamètres des orbites.* Que veut-on dire par là ? Il y a trois manières de conftater la vérité de cet énoncé ; & voici, je crois , les feuls termes que l'on puiffe mettre en rapport. 1°. L'orbite de la lune, l'orbite du premier fatellite de Jupiter, & l'orbite du fecond fatellite de Saturne font à très peu près femblables, puifque

ces trois satellites sont à égale distance de leur
planètes ; ainsi le cube du diamètre d'une de
ces orbites est le même pour toutes Mais
comment y adapterez-vous les carrés des temps
de leurs révolutions ? Puisque la lune décrit
son orbite en 655 heures, le 1er. satellite de
Jupiter en 42 heures, & le IId. de Saturne en
65 ? 2°. Voulez-vous comparer des orbites
proportionnelles, telles que celles du satellite
principal de Saturne, celle du satellite principal
de Jupiter, & celle de la lune ? Voilà trois
satellites qui sont par leurs diamètres & leurs
distances comparées, en rapport de 1, 5 &
10, de même que leurs planètes comparées
avec la terre. Mais le satellite principal de
Jupiter ne met que 400 heures à parcourir
une orbite qui est quintuple de celle de la
lune, & le satellite principal de Saturne n'emploie que 1903 heures pour en décrire une
décuple de celle de notre satellite. Ainsi ces
orbites & ces révolutions ne peuvent encore
se comparer. 3°. Enfin, a-t-on voulu dire
que les carrés des temps des révolutions *tota-*
les des satellites étoient comme les cubes des
diamètres de leurs orbites ? Pour lors il en
résulte une équivoque ; car, ou vous parlez des
orbites des satellites principaux seuls, & ce
n'est que la loi des planètes sous d'autres termes, puisque c'est le même rapport que
les distances comparées des planètes ; ou vous
parlez de tous les satellites pris indifférem-

ment , & cela est éminenment contredit par les rapports comparés ci-dessus.

Aussi , je vous prie d'observer , M., que quand je vous ai donné la solution du problème des accélérations du Ier. & du IVe. satellites de Jupiter , je n'ai point supposé qu'ils décrivissent des aires proportionnelles aux temps, ni que les carrés des temps de leurs révolutions fussent égaux aux cubes des distances ou des diamètres des orbites ; & c'est pourquoi j'ai assigné les mouvemens multipliés de ces satellites , sans faire intervenir l'action du soleil , ou de la terre , ou d'une planète quelconque étrangère à ce système ; sans avoir égard au prétendu applatissement des pôles de Jupiter ou à quelques émanations magnétiques répandues à sa surface; sans recourir à l'hypothèse des différentes densités ; & enfin sans parler d'une attraction en raison des masses & inverse des carrés des distances.

Combien il faut dire de mots, M. , pour établir une vérité que le préjugé repoussera peut-être encore long-temps ; parce qu'il n'y a rien de plus difficile à obtenir de l'esprit humain qu'une révision réfléchie & impartiale des principes d'une science à laquelle il est routiné. C'est ainsi que dans la pratique des arts mécaniques , on voit souvent d'habiles ouvriers préférer leurs anciens usages à des procédés nouveaux & plus simplifiés.

Ne jugez pas trop rigoureusement mes solu-

tions de problêmes , M. , je les crois très-
informes ; elles font fimplement l'effai de formules auffi peu compliquées que me femblent
devoir l'être les principes de la phyfique célefte & terreftre. Je n'ai eu d'autre objet en
vous écrivant jufqu'à cette heure , que de
vous démontrer contre votre opinion en faveur du fyftème de Newton , que la mecani-
que de l'univers offroit quantité d'analogies
qu'on n'avoit point encore comparées. Je ne
puis même me refufer à croire qu'elles ne
doivent entrer dorénavant dans les élémens
d'une phyfique toute nouvelle , fort oppofée
à celle qui nous eft venue d'Angleterre. Je
puis m'être trompé dans l'enfemble que j'en
ai donné , parce que j'aurai peut-être mal vu
la liaifon ou les rapports des faits que j'ai rapprochés, & que j'aurai erré dans mes conféquences , mais puiffent–elles feulement vous
faire entrevoir quelque vide dans le trop fameux fyftème de Newton , & j'aurai rempli
mon objet.

Je fuis avec refpect , &c.

P. S. J'ouvre une lettre que je reçois de
vous dans l'inftant , M. ; & je vous avoue
que la plume me tombe des mains , quand
vous me dites que *le feu n'eft pas un élement.*
Vous êtes chimifte, & je croyois avoir écrit
particulièrement pour être entendu des Phyficiens chimiftes. Vous niez la faculté impul-

five du feu. Jadis, un Philosophe, à qui l'on nioit le mouvement, se mit à marcher aulieu de raisonner. Je n'ai pas la ressource d'une réponse aussi laconique. Mais je vous engage à aller à Naples voir une éruption du Vésuve. On a omis jusqu'à présent en physique, de comparer les phénomènes des volcans, qui seuls peuvent donner une idée des grandes forces de la nature & de sa manière simple d'opérer On a nié l'existence d'un feu central. On a osé dire que la lumière étoit un être de raison, qui n'éclairoit que notre planète ; que le soleil n'étoit paré que d'un éclat emprunté des vapeurs ignées des queues de comètes ; que cet astre seroit aussi obscur que les planètes, si les comètes ne l'eussent incendié en tourmentant sa masse par leur attraction : on n'a vu le soleil que comme une petite masse dont le diamètre est tout au plus 5 fois grand comme celui que l'on suppose à Saturne ; & ce magnifique flambeau de l'univers dont la lumière distribue le jour, le mouvement & la vie dans toute l'étendue des cieux, a été constamment méconnu des yeux qu'il éclaire.

Eh bien, M., je ne raisonne plus; mais je voudrois bien voir un Newtonien dans un monde où il n'y auroit point de feu central, ou dont le pivot ne seroit point de feu, ni lumineux. A suivre toutes les idées de la physique de Newton, ce monde pourroit exister, puisque l'attraction est un principe aveugle qui régit toutes les masses, sans avoir égard à leur constitution froide ou embrasée.

Pourquoi donc, M., brille-t-il tant d'étoiles au firmament ? Pourquoi tant de Soleils ? à quoi servent tant d'énormes masses de feu, si tout cela est inutile au mécanisme des cieux ! & cette lumiére si pure, si éclatante, répandue avec une si magnifique profusion dans les espaces célestes, ne brille-t-elle que pour les yeux des Newtoniens ? ce seroit une superfluité de plus, puisqu'ils ne la voient & n'en jouissent que pour méconnoître son action & l'utilité de son existence (1).

Vous m'objectez, M., qu'il est impossible que la chaleur de la Terre influe sur les mouvemens des autres globes planétaires. Je suis très-fort de votre avis ; j'ai même droit d'être étonné que vous me fassiez cette difficulté, car j'ai constamment tâché de vous démontrer par tout ce

------

(1) Que veulent donc dire ces sublimes caractères de feu qu'on voit tracés sur la voûte des cieux ? Quoi, cette écriture divine n'offre rien à nos yeux auxquels nous nous en rapportons si souvent sur tant d'autres objets pour nous tromper ! Quoi, il n'y a là, *qu'un mieux comme cela qu'autrement* ! Quoi, nous sommes si riches de moyens qui tombent sous nos sens, & nous y substituons un principe occulte, pour régir l'univers !

que j'ai dit jusqu'à préfent, que chaque planète formoit un fyftème à part & indépendant
de toutes les autres planètes. Voilà fur-tout
en quoi diffère ma théorie du Mécanifme de
la Nature, fondé fur les forces du feu, d'avec
la théorie de l'attraction, dans laquelle on ne
peut expliquer le mouvement d'une planète ou
d'un fatellite, qu'il ne foit queftion d'évoquer
des influences provenant de toutes les planètes.
Ces émanations phyfiques & occultes qui fe
réfléchiffent de Saturne, de Mars, de Vénus, &c.
fur la Terre ou fur la Lune, m'ont toujours
parues comme une branche de l'aftrologie ju-
diciaire, qui attribuoit jadis des influences mo-
rales aux diverfes planètes fur la nôtre ; & je
ne crois pas plus aux unes qu'aux autres.

Vous m'obligez, M., de vous répondre
encore à une objection fur laquelle je n'aurois certainement pas dû revenir, fi vous aviez
bien voulu vous donner la peine de vérifier
dans M. de Lalande le texte de ma critique de
Newton, p. 26, »Je prétends, à tort, (me dites-
vous à la fin de votre lettre) » que ce grand
» homme s'eft trompé dans fon calcul fur les
» hauteurs de la marée, que je dis n'être que
» de trois pieds entre les tropiques, *tandis*
» *qu'elle eft effectivement de* 10 *pieds, dont 8 de*
» *la part de la Lune, & 2 de la part du Soleil;*
» & fi je fuis curieux, ajoutez-vous, M., de
» favoir la manière ingénieufe qui a été ima-

» ginée pour s'en affurer, vous m'en ferez le
» détail ».

Ouï, M., Newton a dit cela dans le 3e. liv.
de fes princip. Mat. prop. 36 & 37, prob. 17
& 18; & Newton a dit une grande fauffeté,
& n'a rien démontré fur ce fait, parce qu'on
ne démontre point ce qui n'exifte pas. Le grand
Defcartes dont on a rejeté le fyftème, n'étoit
certainement pas plus en contradiction avec le
phénomène dont il s'agit, que votre philofophe Anglois. Daignez me fuivre jufqu'au bout,
je vous prie.

Prenez le 3e. vol. de l'Aftron. de Lalande,
vous y lirez ces mots à l'art. 3590: » La théo-
» rie de la figure de la Terre conduit naturel-
» lement à celle du flux & du reflux de la mer,
» parce que les marées viennent d'un change-
» ment dans la figure de notre globe, produit
» par une force étrangère qui fuit la même
» loi «.

Cette force étrangère, M., eft comme vous
favez, la fameufe force centrifuge qui a dû
relever l'équateur de fix lieues & demie. On
s'attend fans doute à voir entrer la forme ellipfoïde de la Terre, & cette force centrifuge en
élémens de calcul de la hauteur de la marée
entre les tropiques; mais il eft dit fimplement
dans le même article, *que l'action du Soleil eft de
22 pouces* $\frac{7}{10}$, *& celle de la lune de trois fois autant,
ce qui fait en tout 8 pieds.*

D 6

Cependant les Newtoniens ont beau diminuer l'action du Soleil & de la Lune, & fouf-
traire celle de la force centrifuge ou de la forme ellipfoïde de la Terre, cette élévation de 8
pieds eft encore éminemment en contradiction
avec le fait. Auffi M. de Lalande ajoute z-il à la
fin de l'article que je cite, que *cete hauteur
n'eft diminuée que par la réfiftance du fond : car elle
n'eft que de 3 pieds entre les tropiques.*

Suivez maintenant cet Auteur à la page 342
de fon 4e. vol. & vous verrez » qu'aux ifles du
» Cap-verd, (lat. 14^d. 53 m.) la marée eft
» d'environ 3 pieds ; à l'ifle de Gorée, (lat. 14^d.
» 40 ^{m}.) de 2 à 3 pieds : fur les côtes de Gui-
» née, de 3 pieds ; à l'ifle Ste. Hélène, (lat.16^d.)
» de 3 pieds ; au Cap de Bonne-Efpérance, (lat.
» 33 d. 55 ^{m}.) de 3 pieds ; à l'ifle de Madagafcar,
» (lat. 17 d.) de 3 pieds ; à l'ifle de France (lat.
» 20 d. 10 m.)de 3 pieds ; aux Antilles, de 3 pieds ;
» à la Guadaloupe, (lat. 16 d.) de 18 pouces ; à la
» Martinique, (lat. 14 d. 36. m.)de 16 pouces ,
» quelquefois 3 pieds ; au Cap-François, (lat.
» 19 d. 46 m.) de 3 pieds ; au Môle-St. Nicolas,
» (lat. 19 d.49 m.)de 3 pieds ; à l'embouchure du
» Miffiffipi, (lat. 29 d.) de 18 pouces ; à l'ifle de
» Taiti, (lat. 17 d. & demi) de 15 pouces ; à
» l'ifle d'Ulietéa, (lat. 16 d. 45 m.)de 7 pouces ; à
» l'ifle de la Réfolution, (lat. 19 d.) de 3 pieds ;
» aux Moluques, de 3 pieds ; à Pondicheri, de
» 2 à 3 pieds, &c. &c. . . . »

Je vous livre ces données, M., fans y ajouter un feul mot ; vous en ferez l'ufage qu'il vous plaira : fi vous perfiftez à croire qu'il eft abfolument impoffible d'avoir raifon contre Newton, j'en appele à des perfonnes moins prévenues, qui voudront bien difcuter quelques-unes de mes analogies, & ne les point trancher de ce mot fi repouffant : *Dixit Newtonus , ergo verum eft.*

Enfin , vous voulez, M., qu'on doive à la théorie de Newton la perfection de l'aftronomie, de la navigation & de la géographie ; c'eft ce que nous difcuterons au premier jour.

Je fuis , &c.

LETTRE VIII.me

Newton a-t-il perfectionné l'Astronomie, la Géographie & la Navigation?

VOUS faites infiniment trop d'honneur au système de Newton, Monsieur, lorsque vous lui attribuez la perfection de l'astronomie, de la géographie & de la navigation. Newton a joui des travaux des plus grands Astronomes qui l'avoient devancé, & il a tâché d'adapter une théorie à la physique céleste. Mais son système n'est point nécessaire pour la navigation ; car les tables des satellites de Jupiter, qui servent à peu près aux degrés de longitude, ont été faites par un Cartéfien, Dom. Caffini. Copernic & Galilée qui ont établi la plus grande vérité de la physique, contre le témoignage de nos yeux, ne connoiffoient point l'attraction ; Képler, qui a ouvert la plus grande carrière de l'astronomie, ainsi que Ticho son précurfeur, & puis Hévélius, n'ont jamais pensé newtonianisme. Enfin, Mayer *le Newtonien* a fait les meilleures tables de la lune que nous ayons, & ces mêmes tables newtoniennes, comparées avec celles des Brames de Tirvalour, dans les Indes, étoient très-défectueufes en comparaison de celles de ces vieux favans qui calculent avec des petits coquillages, en récitant des vers, & qui donnent avec infiniment plus de précifion le temps de la durée d'une éclipfe, que les tables de Mayer, comme l'ont vérifié plufieurs Phyficiens; & ces tables des Brames ont au moins 6 à fept mille ans. (V. l'aftron. anc. de M. Bailly, p. 113.) Voilà des faits qui prouvent que l'attraction a tout au plus fervi à réveiller les efprits, à faire confidérer le ciel; & qu'en croyant expliquer les phénomènes, on amaffoit du moins des faits, dont on doit être plus redevable au télefcope qu'à Newton.

Auffi qu'a-t-on gagné en introduifant l'attraction newtonienne en phyfique ? des méthodes extrêmement compliquées ; & celles des Brames, des Siamois & des Indiens nous prouvent qu'il peut en exifter de très-fimples, d'à-peu-près invariables ; elles prouvent qu'on peut inftituer des games qui prédiront des éclipfes de lune, leur retour, fa latitude, fa longitude, fa durée, le mouvement des nœuds, &c. fans interpeller toutes les maffes du ciel pour en affigner les caufes foit au foleil ou à telles & telles planètes, ou à une forme ellipfoïde de la terre & de la lune, &c. Arrachez ce fleuron de la couronne de Newton ; fes inftrumens font trop groffiers, il faut pour nos doigts des pinces plus délicates, & furement on changera un jour de méthode.

Il a fervi, dites-vous, **M.**, à la géographie. Eh,

mais ! Sans citer les travaux inconcevables qui avoient été faits avant lui dans ce genre , entre autres , pour tracer une méridienne depuis la ville de Perpignan juíqu'à Paris, & de Paris à Amiens ; je vous prie de remarquer que Damville a reconnu 3 villes en Aſie, Sélinginskoi , autrefois Séra-Métropolis, ancienne grande ville de la Sérique, Samarcande & Bénarès, dont les degrés de longitude & de latitude étoient indiqués dans les livres de Zoroaſtre que l'on poſsède en Aſie. Eratoſtène, de l'école d'Alexandrie, ignoroit il toute géographie, puiſqu'il faiſoit la diſtance de la terre au ſoleil d'un peu plus de 20 mille de ſes demi-diamètres ? Comment ! ſi le nouveau monde eût été découvert 200 ans plus tard , on en auroit peut-être fait honneur à Newton ? Croyez-vous, Monſieur, que Newton ait bien aidé à la navigation, en établiſſant la ſphéroïdité de la terre, & en relevant l'équateur de 6 lieues $\frac{1}{2}$? Quel Marin, je vous prie , à jamais cru monter à cette hauteur ou en deſcendre, en paſſant la ligne ? & ſi vous étiez embarqué aux ſources de l'Indus, du Gange, de l'Euphrate , des rivières du Pégu ou de Siam ; ſi vous voguez ſur ces grandes rivières d'Amérique qui ont leurs ſources ſous les tropiques , & qui vous amèneroient par un cours de quelques cents lieues dans le fleuve des Amazones , qui eſt ſous la ligne ; croiriez-vous monter de 6 lieues $\frac{1}{2}$, en vous abandonnant à la pente de ces fleuves? Croyez-vous qu'il faut que la terre ait vraiment une forme ellipsoïde pour expliquer le flux & reflux, ou le mouvement rétrograde des fixes? Avez-vous une conviction bien fentie d'une hypothèfe auffi bizarre, ou avez-vous, fans aucune difcuffion, juré foi pleine & entière *in verba magiftri?*

Encore un coup, il y a des méthodes plus favantes & plus fimples que celles de Newton, & elles tiennent furement à une autre théorie que la fienne.

C'eft ne rien dire, m'objecterez-vous, M., fi vous ne les indiquez pas. D'accord ; mais comparez tous les faits avec une théorie plus plaufible, & vous en viendrez peut-être à bout ; de vieilles traditions difoient que nous avions des antipodes, & que la terre tournoit ; & Colomb & Copernic feuls ont tenté de démontrer l'une & l'autre vérité. Je ne penfe pas avoir démontré mon fyftème, parce que l'on ne démontre rien à fes contemporains ; mais j'ai peut-être indiqué des principes plus exacts que ceux que nous avons, & le moyen de méthodes plus fimples. J'ai, par exemple, fait un grand ufage de la proportion de 108, dans quantité d'occafions ; eh bien, pourquoi, en lifant les travaux des plus anciens Aftronomes du monde, trouve-t-on le zodiaque partagé en 27 ou 28 conftellations, calquées

fur le nombre rond des jours d'une révolution fidérale de la lune? Pourquoi en 12 fignes,
& l'année divifée en 12 mois, calqués fur fa
révolution finodique de 12 lunaifons? Pourquoi la femaine eft-elle divifée en 7 jours,
fur le nombre de jours que la lune emploie
dans chacune de fes phafes? Pourquoi enfin,
(c'eft à quoi je voulois en venir) le même
zodiaque étoit-il divifé en 108 parties, de
3 degrés 20 minutes chacune? & puifque le
ciel a fi conftamment rapport avec la lune,
les anciens Chaldéens l'ont-ils eftimée la 8me
portion du diamètre de la terre, & fa diftance
égale à 108 de fes diamètres (1)? Cependant
cette mefure du diamètre de la lune, qui a paru
fi bizarre à M. Bailli, ainfi que cette divifion du zodiaque en 108 parties, peuvent pa-
roître aujourd'hui fondées fur nombre d'analogies qui établiffent ces vraies proportions
de la lune. Ou bien voulez-vous que cela ait
rapport au diamètre apparent du foleil qui
eft 108 fois égal à celui de la terre, ou à
notre diftance 108 fois égale au diamètre ap-

---

(1) La 'une a de diamètre le 8me. de celui de
la planète ; la tête de l'homme adulte eft la 8me.
portion de fa hauteur naturelle ; en frappant la tou-
che d'un clavecin, la 8me. note fupérieure raifonne
auffi-tôt, &c. &c. Combien de rapports femblables
dans le Mécanifme de la Nature, que nous igno-
rons encore !

parent de cet aſtre? Vous ferez toujours de
ces Phyſiciens, des ſavans qui ont calculé leur
phyſique d'après les forces du feu, & non
d'après le ſyſtême de l'attraction. Vous faites
vraiment trop d'honneur à Newton, M.; les
anciens ont peut-être erré, mais les plus hautes
ſciences ont déjà été cultivées avec ſuccès,
comme le dépoſent les tables ſavantes & ſimples de pluſieurs peuples aſiatiques aujourd'hui
exiſtans, & par des philoſophes qui ne pen-
ſoient pas comme Newton.

Le plaiſir de converſer avec vous, Monſieur,
m'entraîne, je vous prie de le croire, plus que
mon éloignement pour la philoſophie angloiſe.
Pourquoi encore, par exemple, cette diviſion
de la ſphère, & du zodiaque principalement,
en 360 degrés, calqués ſur le nombre de rotations que fait la terre de ſon propre mouvement pendant une année, comme étant
une diviſion indiquée par la nature, dans le
mouvement des grands corps céleſtes? Delà les
années de 360 jours des anciens, que les vieux
Chaldéens & les Prames faiſoient jadis entrer
en élémens de calcul, & dont M. Bailli s'é-
tonne avec raiſon, parce qu'il n'en connoît
pas la clé, & que l'aſtronomie ne donnant point
cet élément d'une année de 360 jours, c'eſt
un élément purement phyſique. Et que devons
nous penſer, Monſieur, de ces anciens Philoſophes, ſi, faiſant la diſtance de la lune égale
à 108 de ſes diamètres, ils ont été amenés à

la théorie des grosseurs graduées des planètes, & à la mesure exacte du diamètre du soleil égal au cube de ce nombre de 360 ? Ou si, enfin, connoissant le mouvement primitif de 360 rotations commun à toutes les planètes, ils en ont déduit ce nombre élémentaire si célébré parmi eux (1) ? Voyez l'Histoire de l'astronomie ancienne par M. Bailli.

Mais ce que vous ne trouverez pas dans ce savant Ouvrage, & qui n'est pas moins intéressant à mon gré, que tous ces détails qui font reconnoître par fragmens une physique fondée sur de grandes analogies, c'est l'origine de nos chiffres arabes. On sait que les Arabes nous ont dit les avoir été chercher en Asie. Ainsi c'est aux plus savans des Astronomes qu'il faut les attribuer ; ensorte que si une nation de ce vieux continent peut s'en dire l'inventeur, il faut lui rendre nos respects, & la mettre bien au-dessus de nous en astronomie. Voici, je pense, comme ils s'y sont pris pour faire les chiffres arabes que nous possédons.

Le style d'un cadran solaire leur a donné, par le moyen des temps comparés du midi vrai & du midi apparent avec une horloge,

____

(1) Le fameux nombre 144 qui entroit aussi comme élément dans les calculs des anciens, & dont on méconnoît l'usage, indique certainement le rapport du diamètre apparent du soleil avec son diamètre réel, qu'ils ont fait égal au cube de 360.

(clepfidre ou autre inftrument mécanique)
leur a donné, dis-je, un hyérogliphe gnomonique formant deux efpèces d'ellipfes un peu
allongées, dont ils ont fait un HUIT, & ils ont
calqué 8 chiffres fur cet hyérogliphe de la forte :

8 8 3 8 8 8 8 8

Il eft impoffible, je penfe, qu'on ait ainfi
afforti au hafard 8 nombres fur un feul ; &
il eft à remarquer encore, que les Aftronomes,
inventeurs de ces fignes numéraires, ont affigné au figne gnomonique que deffine le foleil,
fa propre valeur, indiquée par le balancement
de l'axe de la planète ; mouvement qui, d'un
tropique à l'autre, fait alternativement parcourir au foleil la 8me portion à très-peu
près des degrés de fa fphère. La game entière
des 10 chiffres donne en même-temps par fon
addition, une formule de divifion de la fphère,
puifque le nombre 45 en eft la 8me portion.
Enfin, le chiffre 4, qui ne tient point à l'hyérogliphe gnomonique, repréfente le ftyle d'un
cadran folaire attaché à un plan vertical : il
garde pour valeur la moitié du chiffre gnomonique, qu'il partage également ; & l'unité eft
la ligne méridienne même. Il paroît que les
inventeurs de ces 10 caractères numériques ont
voulu y configner toutes les parties du cadran
folaire, & ne tirer que 8 chiffres de l'hyérogri-
phe gnomonique, dont la forme elliptique rap-

peloit en même-temps la nature de l'orbite de
la planète, la proportion du diamètre du satellite avec celui de la terre, & le nombre de
ses révolutions primitives; car il est à remarquer que la théorie physique de ce petit astre
entroit toujours pour quelque chose dans les
institutions des anciens, ainsi que nous l'avons
déjà remarqué plus haut; &, sans doute,
ils n'ont environné le chiffre 8 d'un si grand
appareil, que pour consigner à la postérité
la connoissance du mouvement primitif de la
lune; de même que leur année de 360 jours
atteste qu'ils connoissoient le mouvement propre & primitif de la planète. Cette game de 10
chiffres fait voir encore que les inventeurs de
ces signes, l'ont adaptée & réformée sur une
première méthode de compter sur leurs doigts,
& point par lettres alphabétiques, comme
quantité de peuples, chez qui, pour lors, les
games de calculs sont indéfinies & sans formules uniformes.

La tradition de l'origine de nos chiffres s'é-
toit perdue, & je soupçonne qu'on les doit à
des Astronomes qui ont eu des horloges & des
gnomons, & qui auront rejeté leurs premiers
nombres pour adopter ceux-ci, qui sont les
plus simples que l'on puisse avoir. Je n'hésite
même pas de les attribuer aux savans Mathé-
maticiens qui ont dessiné en caractères de feu
sur la voûte des cieux, ce magnifique Zodiaque
dont les signes attestent une haute science de

l'Aftronomie & la connoiffance de plufieurs arts que l'on cultive aujourd'hui dans les Etats les plus policés.

Ces chiffres, pour épuifer ce que j'en ai tiré, me paroiffent nous donner la clé de l'hyéro-gliphe du Cancer. Il repréfente un 6 & un 9 ainfi deffiné 69 , qui figurent parfaitement, le premier, 6, l'afcenfion de l'aftre, ayant parcouru les trois portions de fa double éllipfe gnomo-nique , pour aller d'un équinoxe à l'autre par le tropique du Capricorne , & monter vers nous jufqu'à notre tropique , où il vient ter-miner fa courfe ; & le fecond, 9, eft l'inverfe de ce mouvement par une marche rétrograde. Cet hyérogliphe favant , ingénieux , totalement aftronomique, mais très-intelligible , fait voir que les Phyficiens qui l'ont employé , l'ont tiré de la double ellipfe gnomonique que décrit le Soleil autour d'une ligne méridienne. Il paroît même tracé auffi fpécialement pour perpétuer la connoiffance du mouvement des apfides de la planète & du fatellite, ainfi que de la pré-ceffion des équinoxes & du mouvement rétro-grade des nœuds de la Lune. C'eft ce que fem-ble défigner le point de contact de la courbe , porté en deça du terme de la courbe même.

Quels efforts de génie n'a-t-il pas fallu , M. dans un temps où l'on n'imprimoit pas, où l'on ne livroit rien d'écrit aux peuples , pour fim-plifier ainfi les élémens de la Phyfique , les pré-ceptes des occupations rurales , & en même temps ceux de l'Aſtronomie, cette ſcience là plus longue & la plus laborieuſe de toutes celles auxquelles l'homme entouré des arts, au ſein de la paix & de l'abondance puiſſe ſe livrer? Cette connoiſſance dont les élémens ont peut-être été repris mille & mille fois avant de former un corps de ſcience & de fonder tous ſes monumens immortels d'une ſcience enſeignée par des méthodes & des ſignes auſſi laconiques que ſimples & ſublimes.

Qui ſait enfin, ſi l'arrangement des planètes qui dénomment les jours de la ſemaine, & qui offre un ordre ſi ſingulier, ſi peu aſſorti à leurs groſſeurs ou à leurs diſtances, ne tient pas à un des grands événemens de l'Aſtronomie, & s'il n'eſt point calqué ſur la circonſtance unique & vraiment frappante d'une eſpèce de conjonction de toutes les planètes (à la réſerve de Saturne ſeul) raſſemblées entre Vénus & le Soleil, de ſorte que tous ces aſtres viſibles immédiatement après le coucher du Soleil, diſparoiſſoient ſucceſſivement ſous l'horiſon, dans l'ordre ſi ſolemniſé par l'arrangement des jours de la ſemaine? Les inſtituteurs de l'Aſtronomie ont créé tant de grandes choſes, qu'on ne peut imaginer que ce ſoit ſans fondement qu'ils ont arrangé les jours de la ſemaine tel que l'ordre s'en eſt conſervé de toute antiquité chez pluſieurs grandes & anciennes Nations. Or ſi la durée de la tradition eſt proportionnée à l'importance des choſes, qu'y a-t-il eu de plus

important

important que celles dont le souvenir a réfisté
aux siècles & aux révolutions qui ont changé
plusieurs fois la face de la Terre ! Si quelque
calculateur pouvoit remonter à cette date , il
nous rappelleroit une époque très-intéressante,
& nous commencerions à apprécier l'antiquité
de l'Astronomie, qui seroit encore fort anté-
rieure à un événement si bien marqué, &c.

En voilà bien assez, car je n'ai pas envie,
M., de vous faire une dissertation sur l'antiquité de l'astronomie. Je voulois seulement
vous rappeler tous ces anciens monumens ,
comme on reproduit de vieilles médailles avec
leurs légentes, pour prouver des règnes passés. Je vous ai parlé ici du règne des arts &
des plus hautes sciences, & d'un des plus beaux
siècles où l'homme savant a figuré sur ce globe
& tenu le sceptre de la philosophie. Les arts
mécaniques aidoient les Astronomes , la mé-
tallurgie leur fournissoit des instrumens , & la
chimie se payoit de ses services en se parant
des noms des planètes & des hyérogliphes astronomiques : c'étoit le sujet des chants des
Poëtes anciens; la fable y trouvoit un fond
inépuisable d'allégories & de beautés : en un
mot, tout concouroit à célébrer & à faire pas-
ser à la postérité la mémoire des plus grandes
merveilles de la nature, découvertes par les
Mages ou Prêtres astronomes de l'antiquité.
Notre vanité peut nous faire croire , M.,
que les anciens ne savoient rien , parce qu'ils

E

ne connoiſſoient point l'attraction newtonienne ; cependant lorſqu'ils nous produiſent des
périodes luniſolaires de 19 ans, de 600 ans ;
un Zodiaque, des chiffres totalement aſtrono-
miques, des méthodes ſimples & ſavantes de
calcul pour les tables de la lune, &c. &c. ne
perdons-nous pas infiniment à la comparaiſon,
en voulant ſeulement nous égaler à eux avec
le peu que nous ſavons? Je m'arrête, & vous
demande grâce pour cette digreſſion qui peut-
être, eſt plus à l'avantage des anciens que
des modernes , &c.

Je ſuis avec reſpect, &c.

F I N.

www.ingramcontent.com/pod-product-compliance
Lightning Source LLC
LaVergne TN
LVHW021452170726

843501LV00005B/1626